Michael Scheler

Das große 1x1 des 4x4

Alles, was du über Offroad- und Geländefahrzeuge wissen musst

pietsch

Coverfoto: Michael Scheler

Alle Bilder und Grafiken, sofern nicht anders angegeben: Katrin & Michael Scheler
Seite 26: Mitsubishi Pressedatenbank, Seite 30 unten: Mitsubishi Pressedatenbank, Seite 31 unten: Land Rover Pressedatenbank, Seite 87: Hofmann Spurplatten, Seite 114 & 115: Yves Rousseau, Seite 146: Black Sheep Innovations, Seite 150 oben: Black Sheep Innovations, Seite 150 unten: Osram Pressedatenbank, Seite 189: Horntools, Seite 192: Burkhard Koch (Pistenkuh)

Grafiken: Seite 154: Patrik Nadler, Seite 181: Patrik Nadler, Seite 182: Patrik Nadler

ISBN 978-3-613-50935-1

Ein Unternehmen der Paul Pietsch Verlage GmbH & Co. KG
1. Auflage 2023

Sie finden uns im Internet unter **www.pietsch-verlag.de**

Lektorat: Niko Schmidt
Cover und Layout: Kornelia Erlewein
Druck und Bindung: Graspo CZ, 76302 Zlín
Printed in Czech Republic

Allgemeine Grundlagen 10
Allradantrieb 22
Achsen und Differentiale 34
Fahrwerk 54
Reifen & Felgen 74
Unterfahr- & Seitenschwellerschutz 88
Stoßstangen 92
Seilwinden 106
Rund um die Luft 116
Batterien 128
Elektronische Eingriffe & Fahrprogramme 136
Zubehör & Sonstiges 144

6 VORWORT

8 EINLEITUNG

10 ALLGEMEINE GRUNDLAGEN
12 Bodenfreiheit
13 Böschungs- und Rampenwinkel
14 Verschränkung
17 Wattiefe
18 Leiterrahmen und selbsttragende Karosserie
20 Death Wobble oder Lenkerflattern

22 ALLRADANTRIEB
25 Allradantrieb
26 Das Verteilergetriebe
27 Zuschalt-Allrad
28 Permanent-Allrad
30 Permanent-Allrad mit abschaltbarer Vorderachse
31 Moderne Systeme
32 Untersetzung
33 Visco-Kupplung und 4Motion

34 ACHSEN UND DIFFERENTIALE
36 Achsdifferentiale
39 Zentral- oder Mittendifferential
39 Achsentypen und -stärken
Starrachse
41 Portalachse
43 Einzelradaufhängung
45 Achssperren
48 Verschiedene Hersteller von Sperren und die Funktionsweise der Systeme
52 Freilaufnaben
52 Kreuzgelenke und Homokineten

54 FAHRWERK
56 Fahrwerk
58 Blattfedern
59 Querblattfedern
60 Schraubenfedern
62 Coil-Over-Federn
63 Drehstabfedern
64 Stoßdämpfer
66 Achsführung
66 Längslenker
67 Panhardstab (Querlenker 1)
68 Wattgestänge
69 Stabilisatoren (Querlenker 2)
71 Lenkungsdämpfer
72 Bodylift
73 Trimpacker & Federschäkel

74 REIFEN & FELGEN
76 Reifen & Felgen
77 Straßenreifen
78 AT-Reifen
79 MT-Reifen
80 Reine Geländereifen
81 Reifensymbole
84 Alufelgen
85 Stahlfelgen
86 Beadlock-Felgen
87 Felgenmaße
87 Spurplatten

88 UNTERFAHR- & SEITEN-SCHWELLERSCHUTZ
90 Unterfahrschutz oder Skid-Plates
91 Rockslider

92 STOSSSTANGEN
94 Stoßstangen
95 Frontstoßstangen
96 Rammbügel & Rammschutz
98 Seilwindenaufnahme
103 Heckstoßstange
104 Ersatzradträger & Co.

06 SEILWINDEN
108 Seilwinden
109 Elektrische Winden
110 Hydraulische Winden
111 Seilwindenseil
113 Seilfenster
114 Spillwinden

16 RUND UM DIE LUFT
118 Rund um die Luft
118 Luftfilterkasten
119 Schnorchel
121 Achs- & Getriebeentlüftung
122 Reifendruck
123 Tire-Deflator
125 Kompressoren

28 BATTERIEN
130 Batterien
130 Batterietypen
131 Starterbatterie
132 Doppelbatteriesystem
134 Batterien parallelschalten

36 ELEKTRONISCHE EINGRIFFE UND FAHRPROGRAMME
138 Elektronische Eingriffe und Fahrprogramme
138 Bergabfahrhilfe
138 Berganfahrhilfe
138 Automatischer Bremseingriff
140 Automatische Fahrprogramme
141 Außenkameras
142 Elektronisches Stabilitätsprogramm
143 Antiblockiersystem
143 Reifendruckanzeige

144 ZUBEHÖR UND SONSTIGES
146 Zusätzliche Beleuchtung
149 Hauptscheinwerfer
152 Zusatz-Fernscheinwerfer
155 Nebelscheinwerfer
157 Rückfahrscheinwerfer
158 Arbeitsscheinwerfer
159 Fluter, Spots & Lightbars
160 Dachträger
165 Dachträgersysteme
172 Gurte und Seile
172 Starre Gurte und Seile
173 Kinetische Gurte und Seile
174 Abschleppseil
174 Schäkel
175 Stahlschäkel
176 Seilschäkel
177 Bergeschäkel
177 Gurt verkürzen mit dem Bergeschäkel
178 Bergen mit Bergeschäkel und Hi-Lift
179 Bergeösen und Abschlepphaken
181 Umlenkrollen und -blöcke
183 Seilrolle
185 NMP-Block
185 Bruchlast, Working Load Limit und Forest Tractive Force
187 Ankerpunkt
189 Windenanker
190 Verschiedene Hersteller von Windenankern und ihre Bauweise und Anwendung
193 Sandbleche und Berge-Boards
200 Verschiedene Hersteller von Sandblechen und Sand-Boards und ihre Unterschiede
206 Hi-Lift & Wagenheber
207 Hi-Lift
210 ARB Jack
212 Bushranger X-Jack
214 Hydraulik Stempelwagenheber
216 Greifzug
218 Hooist
220 Schaufel

222 NACHWORT

223 Register

VORWORT

Nachdem im Mai 2020 mein erstes Buch *Off the Road – Alles was Du unterwegs brauchst* herauskam, erschien kurz darauf eine ganzseitige Rezension in der Zeitschrift *Off Road*, dem ersten und ältesten Geländewagenmagazin Deutschlands. Überschrieben war die Rezension mit »Das 1x1 des 4x4«. Das hat mich sehr geehrt! Umso mehr, da die Kolleginnen und Kollegen in der Redaktion wissen, dass ich als freier Journalist für ein anderes Magazin schreibe. An dieser Stelle noch einmal ganz herzlichen Dank für dieses tolle Lob.

Meiner damaligen Ansprechpartnerin im *pietsch Verlag*, Programmleiterin Ulrike Ruh, und mir war schnell klar, dass das eigentlich ein guter Titel für ein weiteres Buch sei. Doch was sollte es werden? Wieder ein Ratgeber im Stil von *Off the Road?* Nein, das passte irgendwie nicht. Während unseres langen Telefonats wurde dann immer klarer: Es musste eher eine Art Lexikon werden. Ein Nachschlagewerk, das die Begriffe der 4x4-Welt erklärt. Aber es sollte auch kein reines Lexikon werden, das die Begriffe stur alphabetisch auflistet. Denn dann wären zum Beispiel Blattfedern unter »B« zu finden, Schraubenfedern aber unter »S«. Gasdruck-Stoßdämpfer unter »G« und Öldruck-Dämpfer unter »O«, Längslenker unter »L«, der Panhardstab dann unter »P«. Alle diese Begriffe und weitere gehören aber zum Thema Fahrwerk. Fänden sie sich im Buch in alphabetischer Reihenfolge wieder, müsste mühsam zusammengesucht werden, was zum Oberbegriff »Fahrwerk« gehört, und der Offroad-Neuling würde vielleicht etwas übersehen.

Es war also schnell klar, dass dieses Buch nach den übergeordneten Themen von Allradantrieb bis Zubehör gegliedert werden muss. Den einzelnen Kapiteln habe ich allgemeine Informationen zu dem jeweiligen Thema vorangestellt. Sowohl dort als auch in den Unterkapiteln finden sich zusätzlich zahlreiche Ratschläge. Was ist zum Beispiel zu beachten, wenn man ein höheres Fahrwerk einbauen will? Ab wann wird es aufwändig und damit auch teuer? Sollte ich eher in eine Achssperre investieren oder doch lieber in eine Seilwinde? Eine schwierige Frage übrigens, die sich nicht ganz einfach beantworten lässt. Wie so oft kommt es auch hier auf den Einsatzzweck des Geländewagens an. Denn beides hat seine Vor- und Nachteile. Daher beleuchte ich an manchen Stellen die jeweiligen Plus- und Minuspunkte von Umbaumaßnahmen. Das soll eine Entscheidungshilfe für geplante Schrauberprojekte schaffen. Entscheiden muss jedoch letztlich jeder für sich. Damit man aber auch gezielt nach einzelnen Begriffen suchen kann, befindet sich am Ende des Buchs ein alphabetisches Glossar mit den Seitenangaben, auf denen der gesuchte Begriff zu finden ist.

Und damit ist mein nunmehr sechstes Buch letztlich wieder ein Ratgeber geworden, aber eben einer mit Lexikoncharakter. In der Mathematik kennt man das kleine und das große 1x1. Da der Verlag und ich uns mit dem kleinen 1x1 nicht ganz zufriedengeben wollten, lautet der Titel nun *Das große 1x1 des 4x4*. Damit ist er – hoffentlich immer noch – Hommage und Dankeschön an die *Off Road* für diese schöne Vorlage, aber eben auch ein wenig mehr geworden als nur das (kleine) 1x1. Allen Lesern wünsche ich viel Spaß beim Stöbern in den Kapiteln, beim Umsetzen ihrer Projekte am eigenen Fahrzeug, beim Selbstschrauben und natürlich beim Fahren abseits der asphaltierten Straßen. Denn das ist es doch, was wir eigentlich alle wollen.

Euer

Michael Scheler

EINLEITUNG

Wie funktioniert eigentlich ein Allradantrieb? Gibt es da vielleicht sogar verschiedene Systeme? Wofür braucht mein Auto ein Differential und wozu eine Differentialsperre? Was gehört alles zu einem Fahrwerk, und worauf kommt es an, wenn ich ein höheres einbauen will? Was ist ein Panhardstab, und wofür ist der da? Und was zur Hölle ist ein Wattgestänge?

Antworten auf diese und andere Fragen findet man bei Experten und natürlich im Internet. Doch eben nicht gesammelt an einem Ort, sondern hier, da und dort. Nach den Informationen zu den einzelnen Begriffen muss man oft mühsam suchen. Und selbst wenn man sich Bookmarks zu den entsprechenden Internetseiten setzt, am Ende ist eben doch nicht alles ordentlich beisammen und man verliert schnell den Überblick. Da ist es sicher einfacher, beim nächsten Werkstattbesuch mal den Meister zu fragen. Meist gibt der auch bereitwillig Auskunft. Doch bald darauf stellt man fest, dass man sich nicht alles merken konnte und einen Teil wieder vergessen hat. Kein Wunder: Hat man nicht jeden Tag mit einem Thema zu tun, ist das normal. Gut wäre also, wenn man irgendwo nachschlagen könnte. Am besten irgendwo, wo alle 4x4-Begriffe aufgelistet sind. Oder wenigstens fast alle. Das wäre schon schön.

Also bitte, hier ist *Das große 1x1 des 4x4*. Ein Ratgeberlexikon oder ein Lexikonratgeber zu Begriffen von A wie Abschleppöse bis Z wie Zentraldifferential. Die Kapitel des Hauptteils sind nach verschiedenen Oberbegriffen gegliedert. Dort werden zum Beispiel die verschiedenen Allradsysteme oder Bereiche wie Achsen und Differentiale, Fahrwerke, Beleuchtung oder Reifen und Felgen erklärt. Die einzelnen Begriffe wie Bodenfreiheit, Böschungswinkel, Blatt- und Schraubenfedern, Seilwinde oder Unterfahrschutz sind im Glossar am Ende des Buchs noch einmal aufgeführt.

Gibt es eine Anleitung für das Lesen dieses Buchs? Nein! Man kann es von vorne bis hinten durchlesen, sich einzelne Kapitel herauspicken oder im alphabetischen Glossar am Ende nach einzelnen Begriffen suchen. Dort findet man die Seitenangaben, auf denen er vorkommt. Das Wattgestänge ist übrigens eher selten an Fahrzeugen montiert und auf Seite 68 erklärt. ■

Allgemeine GRUNDLAGEN

Jeep

Einer der Faktoren für die Geländegängigkeit eines Fahrzeugs ist die Bodenfreiheit. Bei Fahrzeugen mit Starrachsen sind die Achsdifferentiale der tiefste Punkt unter dem Auto.

Bodenfreiheit

Bei Geländewagen ist die Bodenfreiheit ein wichtiger Faktor. Je höher sie ist, umso mehr Luft hat man unter dem Fahrzeugbauch, umso verworfener kann das Gelände sein, umso steiler die Kuppen, die man überfahren kann. Die Bodenfreiheit wird in der Regel durch das Fahrwerk und die Größe der Räder bestimmt. Je höher die Federn und Dämpfer und je größer die Räder, umso mehr Bodenfreiheit hat der Offroader. Der tiefste Punkt bleibt aber meist das Achsdifferential. Das wandert durch ein höheres Fahrwerk leider nicht mit nach oben. Um hier ein paar – meist nur wenige – Zentimeter mehr Höhe zu gewinnen, kann man nur größere Reifen aufziehen. Beides – höheres Fahrwerk und größere Reifen – funktioniert allerdings ohne weitere Umbauten nur bis zu einer gewissen Größe (→ Fahrwerk, → Reifen). Eine andere Möglichkeit, die Diffs der Achsen nach oben zu bringen, sind sogenannte Bolt-on-Portale, die an den Achsenden montiert werden (→ Portalachsen).

Böschungs- und Rampenwinkel

Auch Böschungs- und Rampenwinkel bestimmen beim Geländewagen die Geländegängigkeit. Je größer diese Winkel sind, umso geländegängiger ist das Fahrzeug. Echte Geländewagen zeichnen sich durch ausreichend Platz unter dem Bauch sowie an Front und Heck aus. Die Böschungswinkel geben Auskunft darüber, wie steil eine Böschung sein darf, die gerade angefahren wird. Der Rampenwinkel gibt Auskunft darüber, wie spitz zu überfahrende Kuppen sein dürfen. Beide Winkel sollte man kennen. Ist man sich unsicher, ob es reicht, steigt man lieber kurz aus und sieht nach, ob das Blech nicht vielleicht Schaden nehmen kann, wenn man weiterfährt. In solchen Fällen kann man sich mit Schaufel, Steinen oder Ästen behelfen und Kuppen abflachen oder Gräben ausfüllen.
Zubehör wie Anhängerkupplungen, Unterfahrschutzplatten oder Seilwindenanbausätze können die Böschungs- und den Rampenwinkel negativ beeinflussen. Hat beispielsweise der Defender zwar von Haus aus einen großen hinteren Böschungswinkel, schrumpft er bei einer tiefsitzenden Anhängerkupplung schnell auf das Maß eines SUV. Die Böschungswinkel lassen sich gut veranschaulichen, wenn man vorn oder hinten eine Latte unten an den Reifen legt und das andere Ende anhebt, bis man irgendwo anstößt. Meist ist das die Stoßstange, es kann aber auch ein Unterfahrschutz oder eben die Anhängerkupplung sein. Der Böschungswinkel lässt sich gut mit einer Schnur darstellen, deren Enden man beschwert, an die Reifen legt und die Schnur zur Fahrzeugmitte hochzieht.

TIPP: Sitzt das Fahrzeug auf einer Kuppe auf und mehrere Räder stehen in der Luft – oder das Fahrzeug steckt mit dem Heck am Rand eines Hangs fest, den man hochfahren wollte –, hilft oft nur noch die Bergung durch ein zweites Fahrzeug oder mit der eigenen Seilwinde. Schäden sind dann meist nicht auszuschließen. Im Zweifel Kuppen oder Auffahrten also besser auslassen oder umfahren.

Die Böschungswinkel bestimmen, wie steil ein frontal angefahrenes Hindernis sein kann, ohne dass es zu Schäden am Fahrzeug kommt. Da die Winkel vorn und hinten unterschiedlich sind, kann es am einen Ende passen, am anderen aber nicht.

Der Rampenwinkel eines Geländewagens wird zwischen den beiden Rädern ermittelt. Er bestimmt, wie spitz zu überfahrende Kuppen sein dürfen.

Verschränkung

Je länger alle vier Räder Kontakt zum Boden haben, umso besser der Vortrieb im Gelände. Steht ein Rad in der Luft, fehlt ohne Differentialsperren der Vortrieb. Die Kraft wird auf das frei drehende Rad geleitet, und die Pferdestärken verpuffen wirkungslos in der Luft. Erreicht wird die Bodenhaftung durch die Verschränkung der Achsen, also die Möglichkeit der einzelnen Achse mit dem einen Rad nach oben und mit dem anderen Rad nach unten zu wandern. Die Achsen können dabei gegenläufig wandern. Das bedeutet, dass zum Beispiel das linke Hinter- und das rechte Vorderrad voll aus- und das rechte Hinter- und das linke Vorderrad voll eingefedert sein können. Bei Fahrzeugen mit zwei Starrachsen bilden sie dabei – von vorn oder hinten betrachtet – ein flaches X.

Je weiter die beiden Achsen in unterschiedliche vertikale Richtungen wandern können und je länger alle vier Räder dabei auf dem Boden bleiben, umso besser die Verschränkung, umso besser der Vortrieb. Verliert ein Rad den Bodenkontakt, endet der Vortrieb oft. Der Grund liegt meist darin, dass das Differential der Achse, die nur noch mit einem Rad Bodenkontakt hat, die gesamte Kraft an das frei drehende Rad schickt, während das andere sich keinen Millimeter mehr bewegt. De facto ist man dann nur noch mit Zweiradantrieb unterwegs, sofern man jetzt keine → Achssperre aktivieren kann.

Wird bei der Starrachse ein Rad der Achse nach oben gedrückt, drückt es das andere automatisch nach unten. Im Idealfall bleiben beide am Boden.

Als Verschränkung bezeichnet man die Fähigkeit der Achsen sich gegeneinander zu verdrehen, damit alle Räder möglichst lang Bodenkontakt haben.

Bei einer Einzelradaufhängung ist das nicht der Fall. Hier drückt jede Feder separat. Verfügt das Fahrzeug über eine Luftfederung, dann lässt es sich im Gelände anheben, damit es mehr Bodenfreiheit hat. Das geht jedoch meist mit einer verminderten Verschränkungsfähigkeit einher, da die Luftdruckdämpfer nicht mehr ausreichend einfedern können. Daher ist es unter Umständen wichtig zu wissen, ob das eigene Fahrzeug über Einzelradaufhängung, Starrachsen oder einen Mix von beidem verfügt.

Während bei Fahrzeugen mit Starrachse eine Rad nach oben gedrückt wird, wenn das andere nach unten wandert, drückt bei der Einzelradaufhängung jede Feder separat.

Offroad-Puristen schwören gern auf die Starrachse, da sie eben das ausfedernde Rad automatisch nach unten drückt. Das sorgt für zuverlässigen Bodenkontakt. Dennoch findet man bei modernen Offroadern wie dem New Defender und der G-Klasse ab Baujahr 2018 immer häufiger das Konzept der Einzelradaufhängung. Doch so neu ist das Konzept bei Geländewagen gar nicht. Der Lada Niva wird seit 1977 mit Einzelradaufhängung vorn und Starrachse hinten gebaut. Außerdem gibt es bei dem kleinen Russen keinen → Leiterrahmen, sondern eine selbsttragende Karosserie. Ebenfalls ein Punkt, der bei manchem Geländewagenfahrer mindestens für ein Stirnrunzeln sorgt. Echte Offroadfähigkeiten wird dem Niva trotz dieser »SUV-Merkmale« kaum einer absprechen. Dort, wo der Niva hinkommt, kommen nämlich nicht unbedingt alle hinterher. Man kann sich also durchaus fragen, ob das wirklich eine so große Rolle spielt. Wie stark eine Achse verschränken kann, wird maßgeblich von der Länge der Federn und Dämpfer bestimmt. Je länger, umso mehr Federweg ist möglich, umso weiter kann die Achse ausfedern. Beschränkendes Moment ist zum einen jedoch oft auch das einfedernde Rad. Ist nicht genug Platz im Radhaus, schleift es. Zum anderen spielen die → Stabilisatoren eine Rolle.

TIPP: In extremen Situationen kann es bei fehlender Verschränkung dazu kommen, dass nur noch zwei diagonale Räder Kontakt zum Untergrund haben. Das Fahrzeug befindet sich dann in einer Schaukelbewegung. Hat der Wagen keine Achssperren, drehen die in der Luft stehenden Räder, während die beiden anderen sich nicht mehr weiterbewegen. Wichtig ist, dabei möglichst Ruhe zu bewahren und zu versuchen, dass wenigstens an einer Achse wieder beide Räder Grip bekommen. Je nach Situation entscheidet man, ob es weiter nach vorn oder wieder nach hinten gehen soll. Sofern das Fahrzeug über Achssperren verfügt, lässt sich das Problem mit den frei drehenden Rädern jedoch umgehen. Sie sollten allerdings schon vor der Verschränkungspassage eingeschaltet werden.

Der Mercedes G beziehungsweise Puch verfügt zum Glück über Achssperren. Dadurch kann er weiterfahren, obwohl nicht alle Räder Bodenkontakt haben.

Die Wattiefe gibt an, wie tief ein Fahrzeug ins Wasser fahren kann. Die Wattiefe ab Werk (rot) kann unter anderem durch die Montage eines Schnorchels (gelb) erhöht werden.

Wattiefe

Die Wattiefe gibt an, wie tief das Wasser sein darf, durch das der Offroader unbeschadet durchfahren kann. In der Regel ist sie im Handbuch des Fahrzeugs zu finden oder man recherchiert sie im Internet. Die Wattiefe wird von verschiedenen Faktoren wie den Entlüftungen von Achsen und Getriebe oder der Elektrik, vor allem aber durch die Höhe der Luftansaugung bestimmt. Denn kommt Wasser in den Ansaugtrakt, kann der Motor Schaden nehmen. Im Gegensatz zur angesaugten Luft, die vom Luftfilter im → Luftfilterkasten gereinigt und für die Bildung des Kraftstoff-Luftgemischs benötigt wird, lässt sich Wasser nicht komprimieren. Wird es statt der Luft zusammen mit dem Kraftstoff in den Brennraum gesaugt, hat der Kolben keinen Möglichkeit, dieses Gemisch zu verdichten. Die Kraft des aktuellen Drehmoments kann also nichts komprimieren und muss anders abgeleitet werden. Ein Loch im Zylinder oder ein nach unten herausrausgerissener Kolben können die Folge sein. Daher sollte man die Wattiefe kennen und nie in zu tiefes Wasser fahren.

Doch auch wenn die zu durchfahrende Wassertiefe innerhalb der angegebenen Wattiefe liegt, kann es dazu kommen, dass Wasser in den Ansaugtrakt gerät. Fährt man zu schnell ins Wasser hinein, schwappt es schnell über die Haube. Die Gefahr, dass dabei auch Wasser in die Luftansaugung läuft, ist groß. Außerdem kann der Lüfter ebenfalls dafür sorgen. Denn die sich drehenden Flügel verteilen das Wasser im gesamten Motorraum. Dabei kann dann schnell auch etwas in den Luftfilter gelangen.

Die Wattiefe lässt sich jedoch durch die Montage eines Schnorchels und das Hochlegen der → Achs- und Getriebeentlüftung erhöhen. Außerdem ist darauf zu achten, dass kein Wasser in die Fahrzeugelektrik und -elektronik eindringen kann. Denn auch sie limitieren die Wattiefe.

Leiterrahmen und selbsttragende Karosserie

Beim Stichwort Leiterrahmen scheiden sich, ebenso wie bei der Starrachse, die Geister. Für viele gilt: Nur ein Geländewagen mit Leiterrahmen ist ein echter Geländewagen. Und dann gibt es Fahrzeuge wie den Jeep Cherokee XJ oder den Lada Niva, die beweisen, dass man auch ohne Leiterrahmen im heftigen Gelände bestens zurechtkommt.

Der Leiterrahmen bildet die Basis einen Fahrzeugs. Alle Komponenten wie Motor, Getriebe und Fahrwerk sind an ihm montiert. Die Karosserie ist auf den Leiterrahmen aufgeschraubt. Das erlaubt, sie auch mit einem → Bodylift höher zu setzen. Seinen Namen hat der Rahmen von seiner Form, die wie eine Leiter aussieht. Zwei dickere Vierkantprofile laufen von hinten nach vorn und sind an verschiedenen Stellen durch weniger starke Profile miteinander verbunden. Dadurch sieht der Rahmen ein wenig aus wie eine Leiter. Allerdings sind die Hauptprofile nicht – wie bei einer Leiter – gerade, sondern weisen Biegungen nach oben und unten und meist auch zu den Seiten auf. Der Leiterrahmen ist jedoch nicht starr, sondern verwindet sich in einigen Fahrsituationen. Die aufgeschraubte Karosserie oder die Pritsche machen diese Bewegung mit. Bei kleineren Fahrzeugen kann man das zum Beispiel an Türen oder Heckklappen feststellen, die dann nicht mehr auf- oder zugehen. Werden die Fahrzeuge grö-

Motor, Getriebe, Fahrwerk und die sonstigen technischen Komponenten sind am Leiterrahmen montiert. Vor dem Abheben der Karosserie müssen alle Verbindungen getrennt werden.

Bei Fahrzeugen mit Leiterrahmen werden Karosserie und Pritsche auf den Rahmen aufgeschraubt. Bei Pickups sind Fahrerkabine und Pritsche in der Regel zwei getrennte Einheiten.

Der Leiterrahmen kann und soll sich in bestimmten Fahrsituationen verwinden. Je größer das Fahrzeug, umso stärker die Verwindung.

Der Jeep Cherokee XJ kommt ohne Leiterrahmen aus, beweist im Gelände aber dennoch eindrucksvoll, was er kann.

ßer, nimmt auch das Maß der Verwindung zu. Daher sollte man bei einem Lkw eine Wohnkabine nicht direkt auf den Rahmen schrauben, sondern einen Hilfsrahmen montieren, der die Verwindung zum Beispiel über Federn ausgleicht. Andernfalls sind Verspannungen und Risse in der Kabine vorprogrammiert. Bei Fahrzeugen mit selbsttragender Karosserie gibt es diesen Rahmen nicht – oder nicht in dieser Form. Beim Jeep Cherokee XJ beispielsweise ist ein Rahmen in den Unibody eingearbeitet. Schaut man unter das Auto, kann man ihn sehen. Bei der selbsttragenden Karosserie ist der separate Rahmen nicht notwendig, da sie – wie der Name schon sagt – selbsttragend ist, also so ausgelegt ist, dass sie ohne zusätzlichen Rahmen ausreichend Festigkeit bietet. Bei der selbsttragenden Karosserie sind Motor, Getriebe, Fahrwerk und andere Komponenten direkt an der Karosserie montiert. Sie lässt sich auch nicht mit einem Bodylift höherlegen.

Das Prinzip der selbsttragenden Karosserie geht aber auch mit dem Nachteil einher, dass man an ihr selbst nicht viel verändern kann, ohne die tragende Eigenschaft im Blick zu behalten. Setzt man also an bestimmten Stellen die Flex an, müssen gegebenenfalls zusätzliche Verstrebungen eingebaut werden.

Ob Fahrzeug mit Leiterrahmen oder nicht: Grundsätzlich bei Umbauten wie zum Beispiel der Montage eines Klappdachs möglichst immer vorab beim TÜV oder den anderen Prüforganisationen nachfragen, ob der Umbau so machbar ist und klären, ob der Hersteller auch ein Gutachten oder andere Unterlagen dazu liefert. Denn irgendwann muss man mit dem Umbau ohnehin zum TÜV und ihn eintragen lassen.

Death Wobble oder Lenkerflattern

Wer ihn schon mal hatte, der weiß, dass ein Death Wobble kein Spaß ist. Der Death Wobble oder das Lenkerflattern kann verschiedene Ursachen haben. So kann es sein, dass ein Rad plötzlich damit anfängt, unkontrolliert schnell ein- und auszufedern und sich dabei immer mehr aufschaukelt. Ursache kann eine extreme Unwucht durch festgebackene Schlammklumpen in der Felge sein. Oder die Vorderräder fangen an, seitlich hin und her zu schwingen. Manche Fahrer des Suzuki Jimny FJ kennen das Problem.

Der Death Wobble oder das Lenkradflattern tritt meist ab Geschwindigkeiten jenseits der 50 km/h auf. Und oft hört es auch nicht auf, bis der Wagen steht. Ausnahme ist zum Beispiel der Jimny FJ. Das Lenkradflattern fängt bei einigen Baujahren meist bei etwa 70 km/h an und hört zwischen 80 und 85 km/h auch wieder auf. Für Abhilfe können beim kleinen Japaner eine Reihe von Maßnahmen sorgen. Das reicht vom Unterlegen von Beilagscheiben unter die Achsschenkellager über den Austausch der Längslenkerbuchsen gegen Buchsen mit Nachlaufkorrektur bis hin zur Montage eines Lenkungsdämpfers. Ganz los werden manche Exemplare dieser Baureihe das Problem jedoch nie, man kann es jedoch eindämmen.

Ist beim Jimny FJ bekannt, dass das Lenkradflattern ab einer bestimmten Geschwindigkeit wieder aufhört, gilt das jedoch nicht zwingend auch für andere Geländewagen. Im Gegenteil: Oft verstärkt es sich noch. Daher sollte man, wenn das Phänomen zum ersten Mal auftritt, nicht darauf vertrauen, dass mehr Gas geben

Die nachträgliche Montage eines Lenkungsdämpfers wirkt dem oft auftretenden Lenkerflattern beim Suzuki Jimny FJ entgegen. Bei den meisten anderen Geländewagen ist schon ab Werk ein Dämpfer montiert.

hilft, sondern unbedingt langsamer werden. Jedoch mit Ruhe und Vorsicht und auf keinen Fall ruckartig und schnell. Man sollte auch auf keinen Fall versuchen, das Lenkrad krampfhaft festzuhalten und ruhig zu bekommen. Das funktioniert nicht. ■

TIPP: Tritt ein Death Wobble auf, das Lenkrad nur locker halten und führen. So nimmt man das Gas weg und versucht vorsichtig herunterzubremsen. Auf keinen Fall zu stark, da das Fahrzeug sonst unter Umständen komplett unkontrollierbar wird. Hat man den Wagen zum Stillstand gebracht – möglichst am Straßenrand und an einer sicheren Stelle – kann man nachsehen, wo das Problem liegt. Derartige Probleme können zum Beispiel nach einer Fahrt im Gelände auftreten. Dann prüft man, ob etwas kaputtgegangen ist, sich gelöst hat oder irgendwo noch Dreck sitzt, der das Fahrverhalten beeinträchtigt. Der Death Wobble kann aber auch nach einem Umbau auftreten. Höheres Fahrwerk, größere Räder – irgendwas passt nicht zusammen. Dann wird die Suche unter Umständen aufwändiger, und man sollte überprüfen, ob man beim Umbau auch alle wichtigen Dinge beachtet oder etwas vergessen hat. Denn ab einer gewissen Fahrwerkhöhe und Reifengröße müssen auch andere Dinge wie zum Beispiel → Längslenker oder → Lenkungsdämpfer angepasst werden. Außerdem sollte man auch Sturz und Spur neu einstellen lassen.

RUBICON

ALLRAD-ANTRIEB

Jeep
SET+
CANC
RES
SET –
MIST
FRONT WIPER
REAR WIPER
OFF
ON
A/C
AUTO
REAR ONLY

Allradantrieb

Was ist das eigentlich, so ein Allradantrieb? Nun, wie das Wort schon sagt, werden beim Allradantrieb alle am Fahrzeug befindlichen Räder angetrieben. Seien es nun vier, sechs, acht oder gar noch mehr. Klingt einfach, ist es aber nicht. Denn es gibt mehrere Arten von Allradantrieben. Manche Fahrzeuge verfügen über einen Permanent-Allrad, andere über einen Zuschalt-Allrad und einige über einen Permanent-Allrad mit abschaltbarer Vorderachse. Aber auch die Technik unterscheidet sich mitunter von Hersteller zu Hersteller, von Fahrzeug zu Fahrzeug. Allen gemein ist jedoch, dass im Allrad-Modus eben alle Achsen und damit alle Räder angetrieben sind. Das bringt Vorteile auf der Straße und auf Schotterpisten, wie Rallye-Urgestein Walter Röhrl einst im Audi Quattro eindrucksvoll bewies. Seine wahren Vorteile spielt der Allradantrieb aber im Gelände aus. Also da, wo es uneben und verworfen ist, wo es steil bergauf und bergab geht. Da, wo man mit nur einer angetriebenen Achse eben nicht mehr weiterkommt.

Bevor wir uns jedoch den verschiedenen Allradsystemen zuwenden, müssen wir noch zwei Dinge klären. Zum einen müssen wir über die unterschiedlichen Geschwindigkeiten sprechen, mit denen sich die einzelnen Räder beim Fahren drehen. Solange wir stur geradeaus fahren, ist die Welt in Ordnung. Alle Räder drehen sich mit der gleichen Geschwindigkeit. Doch wir fahren eben nicht immer geradeaus, sondern müssen mal nach links abbiegen oder nach rechts ausweichen. Auf der Straße wie im Gelände. Ab dem Moment, in dem wir das Lenkrad nach links oder rechts bewegen, wird es für eine angetriebene Achse nämlich etwas kompliziert, denn die kurveninneren Räder drehen sich immer langsamer als die kurvenäußeren. Oder umgekehrt: Die kurvenäußeren Räder drehen schneller als die kurveninneren. Sind die Räder nun starr verbunden, ergeben sich Spannungen. Das innere Rad will schneller drehen, kann es aber nicht. Damit das nicht passiert, sorgt ein → Achsdifferential in der Antriebsachse für den Ausgleich. Was für kurveninneres und kurvenäußeres Rad gilt, gilt gleichermaßen für Vorder- und Hinterachse. Auch hier drehen sich die Räder bei Kurvenfahrten unterschiedlich schnell. Will man diesen Effekt vermeiden, benötigt man beim Allradantrieb auch ein Differential zwischen den beiden Achsen. Dennoch verfügen manche Fahrzeuge über Allradsysteme, bei denen das nicht so ist. Warum, darauf gehe ich im Kapitel Zuschalt-Allrad auf Seite 27 ein.

Der zweite Punkt, über den geredet werden muss, ist die Frage, wie die Kraft vom Motor an die beiden Achsen kommt. Dafür ist das Verteilergetriebe zuständig.

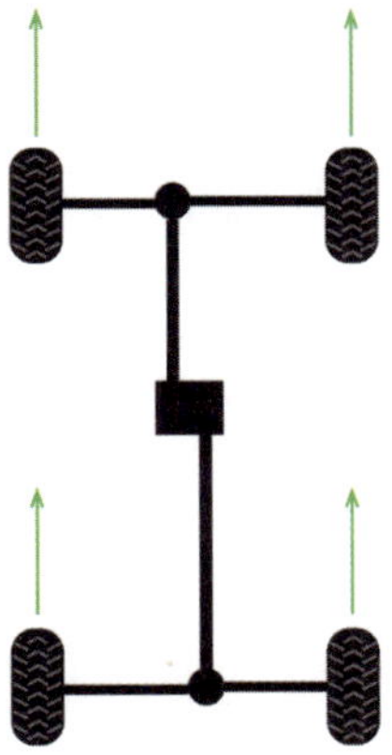

Bei Geradeausfahrt drehen sich alle Räder gleich schnell. Hier wäre kein Ausgleich zwischen den Rädern notwendig.

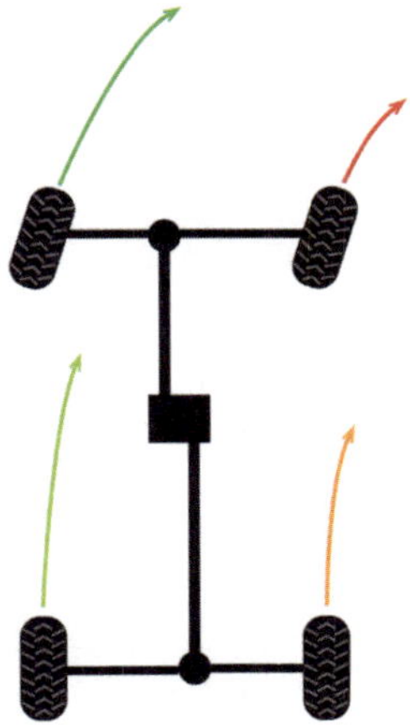

Bei Kurvenfahrt drehen sich die Räder jedoch unterschiedlich schnell. Die inneren langsamer, die äußeren schneller.

Das Verteilergetriebe

Das Verteilergetriebe ist in der Regel hinter dem Getriebe angeflanscht. Von hier aus versorgt es die beiden Achsen mit dem nötigen Antrieb. Bei Fahrzeugen mit Starrachse läuft eine Kardanwelle gerade nach hinten, das Achsdifferential befindet sich dort meist in der Fahrzeugmitte. Eine zweite Kardanwelle läuft versetzt nach vorn. Sie wird im Inneren des Getriebes meist über eine Kette angesteuert. Durch den seitlichen Versatz sitzt das Achsdifferential meist in Fahrtrichtung links von der Mitte. Bei Fahrzeugen mit Permanent-Allrad ist im Verteilergetriebe noch ein Differential untergebracht, bei den meisten Fahrzeugen mit Zuschalt-Allrad wird starr durchgeschaltet.

Anders als bei Fahrzeugen mit Starrachse, sitzt bei Fahrzeugen mit Einzelradaufhängung an der Vorderachse das Verteilergetriebe zwar auch hinter dem Getriebe, das vordere Achsdifferential aber eher in der Mitte. Einer der bekanntesten Vertreter ist der Lada Niva. Eine weitere Möglichkeit, alle Räder anzutreiben, ist die Lamellenkupplung, wie sie in den VW-Syncro-Modellen zu finden war. Hier sorgen Lamellen, die sich in einem Ölbad drehen, für die Kraftverteilung zwischen vorn und hinten.

Der Kraftschluss wird dabei durch unterschiedliche Drehzahlen der beiden Achsen, beispielsweise auf losem Untergrund und bei durchdrehenden Rädern, automatisch hergestellt. Doch schauen wir uns die unterschiedlichen Allradsysteme genauer an:

Das Verteilergetriebe sorgt dafür, dass die Kraft des Motors an beide Achsen verteilt wird. Je nach Hersteller kommen verschiedene Allradsysteme zum Einsatz.

Zuschalt-Allrad

Der sogenannte Zuschalt-Allrad ist in den meisten Geländefahrzeugen anzutreffen. Im »Normalbetrieb« sind diese Fahrzeuge mit Hinterradantrieb unterwegs. Die bekanntesten unter ihnen sind der Jeep Wrangler oder der Suzuki Jimny. Will man nun ins Gelände, wird über einen Hebel oder einen Schalter der Allradantrieb eingelegt. Der Hebel schaltet mechanisch, der Schalter nimmt einen Umweg über Strom und den bei laufendem Motor entstehenden Unterdruck, der unter anderem auch für den Bremskraftverstärker benötigt wird. Der Unterdruck wird in der Regel am Ansaugtrakt hinter dem Luftfilter erzeugt. Die Verbindung zu den Bauteilen, an denen er benötigt wird, erfolgt über Schläuche. Und die sind beim Zuschalt-Allrad ab und zu ein Problem. Sind sie undicht, lässt sich der Allradantrieb nicht mehr zu- oder abschalten. Meist blinkt dann das Allrad-Symbol, statt dauerhaft zu leuchten. Fahrer des Suzuki Jimny FJ mit »Knöpfchenallrad« lernen das früher oder später kennen.

Der klassische Zuschalt-Allrad verfügt über zwei Allrad-Fahrmodi: 4H und 4L. Das »H« steht für »High», das »L« für »Low«. 4H bedeutet, dass das Fahrzeug mit derselben Getriebeübersetzung unterwegs ist wie beim Hinterachsantrieb. Das Umschalten von 2H auf 4H kann in der Regel während der Fahrt bis zu einer Geschwindigkeit von 80 bis 100 km/h erfolgen. Bevor man zum ersten Mal den Allrad einlegt, sollte man unbedingt einen Blick ins Handbuch werfen, um zu schauen, wie die Vorgaben des Herstellers lauten. Oft ist das auch auf einem Aufkleber vermerkt, der irgendwo an der Sonnenblende, dem Armaturenbrett oder der Mittelkonsole angebracht ist. Beim Schaltvorgang kurz das Gas wegzunehmen kann für einen sauberen Schaltvorgang übrigens hilfreich sein. Schaltet man auf 4L, was häufig nur im Stand und ohne eingelegten Gang funktioniert, legt man damit die → Untersetzung ein. Auch hier sollte man sich zuvor unbedingt vergewissert haben, was der Hersteller vorgibt (Handbuch oder Aufkleber).

Der Zuschalt-Allrad wird je nach Fahrzeug entweder per Hebel ...

... oder per Knopfdruck eingelegt.

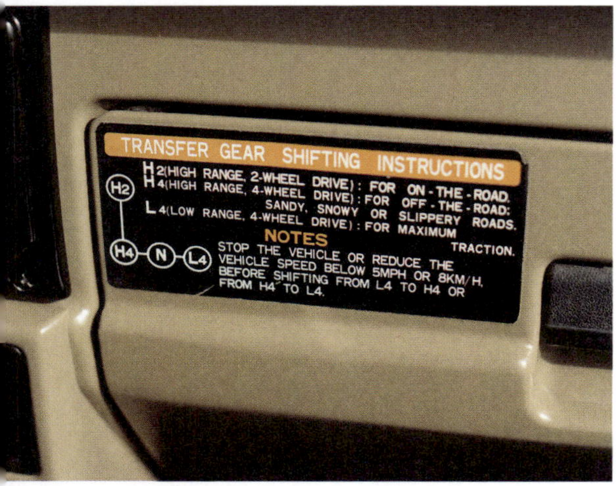

Vor dem Einlegen des Allradantriebs sollte man sich informieren, was der Hersteller vorgibt. Oft ist ein gut sichtbarer Aufkleber im Fahrzeug angebracht, der Auskunft darüber gibt.

Der größte Nachteil dieses Allradantriebs ist das fehlende Mittendifferential. Da hier starr durchgeschaltet wird, sollte der Allradantrieb möglichst nicht auf der Straße oder auf festen Untergründen eingelegt werden, denn bei Kurvenfahrten verspannt sich der Antriebsstrang. Das ist sehr schnell an einem Radieren der Räder und an einer schwergängigen Lenkung zu merken. Nutzt man ihn trotzdem auf der Straße, können Beschädigungen an den Komponenten des Antriebs die Folge sein. Im Gelände, auf weichen Untergründen oder auf Schnee haben die Räder jedoch die Möglichkeit durchzudrehen, was die Achs- und Kardanwellen sowie die Kegel-, Teller – und Zahnräder in Differentialen und Getrieben entlastet.

TIPP: Der Zuschalt-Allrad sollte einmal im Monat eingelegt und damit wenigstens ein paar Meter gefahren werden. Wird er über längere Zeit nicht benutzt, lässt er sich oft nicht mehr problemlos einlegen.

Permanent-Allrad

Wie die Bezeichnung schon sagt, sind beim Permanent-Allrad alle Achsen dauerhaft angetrieben. Bekannteste Vertreter sind der Land Rover Defender und die G-Klasse von Mercedes. Aber auch Pickups wie zum Beispiel der VW Amarok sind, je nach Ausführung, mit Permanent-Allrad ausgestattet. Beim Defender kann das Mittendifferential gesperrt werden, beim G zusätzlich beide Achsen. Bei beiden kann jedoch die Untersetzung auch eingelegt werden, wenn das Mittendifferential nicht gesperrt ist. Ein unschlagbarer Vorteil, wenn man zum Beispiel schwere Anhänger auf engem Raum rangieren muss.

Beim Permanent-Allrad kann die Untersetzung auch ohne gesperrtes Mittendifferential eingelegt werden. Beim Land Rover Defender funktioniert das über einen einzelnen Schalthebel (vorn).

Beim Lada Niva sind dagegen zwei separate Schalthebel dafür vorgesehen. Einer schaltet die mittlere Sperre ein, über den anderen wird die Untersetzung eingelegt.

Bei neueren Modellen des Mercedes G werden die Untersetzung und die …

… Mittendifferentialsperre per Knopfdruck geschaltet. Zusätzlich können noch Sperren in beiden Achsen eingelegt werden.

Permanent-Allrad mit abschaltbarer Vorderachse

Der Permanent-Allrad mit abschaltbarer Vorderachse funktioniert wie der → Zuschalt-Allrad, das Verteilergetriebe ist jedoch um ein Mittendifferential erweitert. Am Schalthebel ist es meist mit dem Kürzel 4P bezeichnet. In dieser Schaltstufe kann der Allradantrieb auch auf der Straße genutzt werden. Die Übersetzung bleibt die selbe wie in den Schaltstufen 2H und 4H, die Untersetzung bleibt jedoch auch hier starr geschaltet. Bekannteste Vertreter mit diesem Getriebe sind verschiedene Modelle des Jeep Cherokee XJ und KJ sowie der Pajero und der Pickup L200 von Mitsubishi.

Der Permanent-Allrad mit abschaltbarer Vorderachse wird genauso geschaltet wie der Zuschalt-Allrad, nur dass es eine Schaltstufe mehr vorhanden ist.

Auch hier gibt es die Variante mit Schalthebel und mit Schalter oder Drehregler. In der nicht gesperrten Stufe des Allradantriebs kann auch auf der Straße gefahren werden.

Moderne Systeme

Viele der neueren Allradfahrzeuge verfügen über elektronische Systeme, die die Steuerung des Allradantriebs, der Sperren und meist auch der Bodenfreiheit vollautomatisch übernehmen. Je nach Rückmeldung der Sensoren werden verschiedene Programme gewählt, die Sperren eingelegt oder das Luftfederfahrwerk nach oben gepumpt. Der Fahrer hat meist nur noch die Möglichkeit zwischen verschiedenen Programmen wie zum Beispiel »Mud«, »Sand«, »Rock« oder »Snow« zu wählen.

Bei vielen neueren Allradfahrzeugen werden die verschiedenen Geländefahrprogramme per Schaltwippe oder Drehregler eingestellt.

Die Anzeige der jeweiligen Fahrmodi kann dem Fahrer dann im Display angezeigt werden. Wählt man den Auto-Modus, muss man nur noch Gas geben und bremsen.

Untersetzung

In der Untersetzung ist das Fahrzeug langsamer unterwegs, aber mit mehr Kraft an den Rädern. Das funktioniert ähnlich wie bei einem Traktor. Der Motor hat viel Kraft, der Trecker ist aber trotzdem nicht schnell. Anschaulich wird das auch, wenn man sich die Zahnräder einer Fahrrad-Schaltung anschaut: Vorn großes Zahnrad und hinten kleines bedeutet, dass man mit einer Umdrehung vorn mehrere Umdrehungen hinten erzeugt. Das funktioniert bergab besonders gut und man kann immer noch treten, um schneller zu werden. Geht es bergauf, reicht die Muskelkraft für diese Übersetzung nicht mehr. Man muss in einen anderen Gang schalten, also vorn kleineres Zahnrad, hinten größeres. Stellen wir uns nun den hinteren Zahnkranz als das Getriebe eines Autos vor und den vorderen als das Verteilergetriebe, dann können wir uns das Prinzip recht gut veranschaulichen. Denn Schalten in den ersten und zweiten Gang reicht beim Fahren im Gelände oft nicht. Wir müssen auch die Gesamtübersetzung ändern.

Gebraucht wird die Untersetzung, sobald das Gelände heftiger wird. Das Schalten in die Untersetzung erfolgt im Verteilergetriebe und muss in der Regel im Stand und ohne eingelegten Gang oder eingelegte Gangstufe der Automatik erfolgen. Ist eine Passage im Gelände in der normalen Übersetzung nicht fahrbar, so lässt sie sich mit eingelegter Untersetzung in der Regel meistern.

TIPP: Während man bergauf oder in schlammigen Passagen versuchen kann, auch ohne Untersetzung durchzukommen, sollte man sie bergab immer einlegen. Zusätzlich wird im ersten Gang gefahren. So bleibt das Auto kontrollierbar. Ausnahmen sind hierbei jedoch (vor allem ältere) Fahrzeuge mit Automatikgetriebe. Bei ihnen ist die erste Gangstufe zu lang übersetzt, um eine nennenswerte Bremswirkung zu erzeugen. Es muss also vorsichtig mitgebremst werden oder die → Bergabfahrhilfe sollte aktiviert werden, die die Bergabfahrt über gezielte Bremseingriffe kontrolliert.

Je nach Untergrund und Witterung lassen sich manche Offroad-Passagen in der Untersetzung leichter meistern.

Visco-Kupplung und 4Motion

Bekannt geworden ist die Visco-Kupplung Anfang der 1980er-Jahre, als Volkswagen seine Syncro-Modelle auf dem Markt brachte. Bei diesem Allradsystem verfügt das Fahrzeug nicht über ein Verteilergetriebe, sondern über eine Lamellenkupplung, die den Kraftschluss zwischen Vorder- und Hinterachse herstellt. Bei dieser Kupplung laufen Lamellen in einem Bad aus Silikonöl. Die Lamellen sind abwechselnd mit der Vorder- und der Hinterachse verbunden. Drehen die mit dem Motor und einer der beiden Achsen verbundenen Lamellen schneller als die mit der anderen Achse verbundenen, werden diese durch das zähe Silikonöl ebenfalls in eine Drehung versetzt. Dadurch wird auch die zweite Achse angetrieben. Die Kraftverteilung erfolgt also nicht 50:50, sondern ist drehzahlabhängig. Vereinfacht lässt sich sagen, dass die zweite Achse umso mehr angetrieben wird, je höher die Drehzahl der anderen Achse ist. Dabei spielt die Viskosität des Silikonöls eine Rolle, das sich durch die Reibungswärme stärker oder weniger stark verfestigt und so die mit der zweiten Achse verbundenen Scheiben unterschiedlich stark mitnimmt. Drehen also die Räder an der angetriebenen Achse durch, wird mehr Kraft an die zweite Achse geleitet. Der heute bei VW eingesetzte 4Motion-Antrieb ist die Weiterentwicklung des Syncro-Antriebs. Dieser Antrieb funktioniert jedoch anders als der Syncro-Antrieb. Wobei es einen Unterschied gibt, ob der Motor des Fahrzeugs quer oder längs eingebaut ist. Es gibt also einen Unterschied zwischen dem 4Motion-Antrieb des VW Touareg und dem des VW-Bus. Bei Fahrzeugen mit quer eingebautem Motor wird primär die Frontachse angetrieben, die Hinterachse über eine Lamellenkupplung der schwedischen Firma Haldex. Die Kraftverteilung zwischen vorn und hinten übernimmt eine Elektronik, die von 100:0 auf 50:50 regeln kann. Bei normaler Geradeausfahrt auf der Straße wird also nur die Vorderachse angetrieben. Die Hinterachse wird je nach Anforderung hinzugeregelt. Kurzzeitig können jedoch auch 100 Prozent der Kraft an die Hinterachse geleitet werden.

Visco-Kupplungen verteilen die Kraft drehzahlabhängig an die Vorder- und Hinterachse. Bekannteste Vertreter mit diesem Allradsystem sind die Syncro- und 4Motion-Modelle von Volkswagen.

Bei den längs eingebauten Motoren wird der Antriebsmoment zunächst an ein zentrales Differential geleitet, das die Motorkraft permanent nach vorn und hinten leitet. Das hier eingesetzte Differential ist ein Torsen-Differential. Der Name ist ein Kunstwort und leitet sich von den Begriffen »Torque« (Drehmoment) und »sensitiv« (empfindlich) ab. Zum Patent angemeldet wurde das Prinzip 1958, grundsätzlich erfunden wurde es aber schon 1918. Neben dem Touareg sind die bekanntesten Vertreter mit Torsen-Differential der HMMWV, der Audi Quattro und der Lancia Delta mit Allradantrieb. ■

KU TA 69
ARB

ACHSEN & DIFFEREN-TIALE

Achsdifferentiale

Über Achsdifferentiale habe ich schon kurz im Kapitel → **Allradantrieb** geschrieben. Sie sorgen dafür, dass sich die Räder einer Achse mit unterschiedlichen Geschwindigkeiten drehen können. Kurze Rekapitulation: Das kurveninnere Rad einer Achse dreht immer langsamer als das kurvenäußere. Das liegt daran, dass das äußere Rad einen längeren Weg zurücklegen muss, um der Kreisbahn zu folgen. Veranschaulichen kann man sich das auch mit den Läufern bei einem Wettkampf auf der Stadionbahn: Der Läufer, der in der Kurve der Bahn ganz innen läuft, legt einen kürzeren Weg zurück als der, der ganz außen läuft. Deshalb wird der Startpunkt der einzelnen Bahnen versetzt. Der Starter auf der Innenbahn startet als hinterster, der auf der Außenbahn als vorderster. Sobald sie die Kurve passiert haben, haben sie alle die gleiche Strecke zurückgelegt.

Das Ende der Kardanwelle ist an das Differential angeflanscht. Auf der Gegenseite des drehbaren Flansch sitzt ...

Zurück zu den Rädern: Zum Glück müssen wir, um dieses Problem zu lösen, nicht vor jeder Kurve das innere Rad nach hinten versetzen. Der Trick, der das möglich macht, nennt sich Differential oder Ausgleichsgetriebe. Das Prinzip des Differentials ist seit der Antike bekannt. Die Funktion erstmals zu Papier gebracht hat – wen wundert´s – Universalgenie Leonardo da Vinci. 1827 erfand dann der Franzose Onésiphore Pecqueur das Differentialgetriebe für Fahrzeuge.

Um zu erklären, wie das Differential funktioniert, müssen wir etwas weiter hinten (oder vorn) bei der Kardanwelle anfangen. Sie endet in einem → **Kreuzgelenk**. Dessen entgegengesetzte Seite führt in das Achsgehäuse. Dort ist am Ende das sogenannte Kegelrad montiert. Das Kegelrad greift in das Tellerrad, das am Differentialkorb montiert ist. Im Inneren des Korbs findet man zwei kegelförmige Zahnräder. Das eine sitzt mit seiner Rückseite direkt am Tellerrad. Nach außen hin ist die Achswelle zu einem der beiden Räder montiert. Dem ersten Zahnrad gegenüber sitzt ein identisches Zahnrad, das mit der Achswelle der anderen Seite verbunden ist. Den Kontakt zwischen den beiden Zahnrädern stellen weitere kegelförmige Zahnräder, die Kronenräder, her. Sie greifen in die beiden mit den Achswellen verbundenen Zahnräder. Dreht sich das mit dem Tellerrad verbundene Zahnrad, machen die Kronenräder diese Bewegung mit und treiben das gegenüberliegende Zahnrad an.
So weit, so einfach. Bei der Geradeaus-

... das Kegelrad, das fest mit dem Flansch verbunden ist und die Drehung der Kardanwelle an das ...

... Tellerrad weitergibt, das mit dem Differentialkorb verschraubt ist. Von dort aus gehen die Achswellen nach links und rechts weg (rote Pfeile).

Im Inneren des Differentialkorbs greifen rechts und links zwei kegelförmige Zahnräder (grüne Pfeile) auf die Achswellen (roter Pfeil). Das Zahnrad, das mit dem Tellerrad verbunden ist (blaue Pfeile) treibt die vier Kegelräder (gelbe Pfeile) an. Sie drehen das kegelförmige Zahnrad auf der gegenüberliegenden Seite (grüner Pfeil unten) und sorgen gleichzeitig für den Ausgleich zwischen den beiden Achswellen.

fahrt drehen durch diese Konstruktion beide Achswellen gleich schnell. Spannend wird es ab dem Moment, in dem das Fahrzeug in eine Kurve gelenkt wird. Nun fängt das Zahnrad auf der einen Achswelle an schneller zu drehen, während das andere sich entgegengesetzt dreht. Das bewirkt, dass das äußere Rad schneller, das innere langsamer angetrieben wird. Diesen Effekt kann man auch künstlich erzeugen und sich veranschaulichen, wenn ein Fahrzeug auf der Hebebühne steht und beide Räder frei drehen können. Dreht man nun das eine Rad nach vorn, dreht sich das andere rückwärts.

Zentral- oder Mitten-differential

Ein Ausgleichsgetriebe sorgt nicht nur in den Achsen für den entsprechenden Ausgleich, sondern bei Fahrzeugen mit Permanent-Allrad auch im → Verteilergetriebe zwischen den beiden Achsen. Hierbei können Vorder- und Hinterachse 1:1, also je zu 50 Prozent angetrieben, die Kraft aber auch unterschiedlich verteilt werden. Das fällt meist zugunsten der Hinterachse aus. Die verschiedenen Typen der am häufigsten zu findenden Verteilergetriebe sind im Kapitel → Allradantrieb beschrieben.

Fahrzeuge mit permanentem Allradantrieb verfügen über ein Zentral- oder Mittendifferential, das im Verteilergetriebe (grüner Pfeil) sitzt. Von hier aus wird die Kraft über die Kardanwellen nach hinten und vorn verteilt (orange Pfeile).

Achsentypen und -stärken Starrachse

Ich schrieb es schon: Für Allrad-Puristen ist die Starrachse das Maß der Dinge. Wie der Name schon sagt, handelt es sich hier um einen starren Achskörper, in dem Differential und Achswellen untergebracht sind. Die Starrachse kann an → Blattfedern- oder an → Schraubenfedern aufgehängt sein. Blattfedern haben den Vorteil, dass sie die Achse auch führen. Durch die massive Konstruktion sind sie jedoch schwerer als Schraubenfedern und lassen (meist) weniger Federweg zu. Dafür können sie wiederum mehr Gewicht tragen als Schraubenfedern, weshalb sie bei vielen Pickup-Modellen an der Hinterachse zu finden sind.
Ist die Starrachse an Schraubenfedern aufgehängt, fehlt die Achsführung. Die Feder ist dazu bauartbedingt nicht in der Lage. Die Achse würde unter dem Fahrzeug in alle Richtungen herumeiern. Daher sind bei schraubengefederten Fahrzeugen mit Starrachse zusätzliche → Längslenker und ein → Panhardstab (auch Querlenker genannt) notwendig.
Starrachsen gibt es in unterschiedlich starken Ausführungen, wobei das nicht unbedingt den Achskörper meint, sondern vor allem die Achswellen. Einer der bekannteren Hersteller von Achsen für Geländewagen ist die amerikanische Firma Dana. Dana-Achsen findet man in Fahrzeugen der Marke Jeep. Je nach Modell jedoch in unterschiedlichen Stärken. Dana 30, Dana 44 und Dana 60 sind Begriffe, die viele Jeep-Fahrer kennen. Die Zahlen stehen für die unterschiedlichen Stärken der Achswellen. Am differentialseitigen Ende der Welle befindet sich eine Verzahnung, die sogenannten Splines. Die Dana 30 verfügt über 27 Splines, die Welle hat einen Durchmesser von 1,13 Inch, also etwa 2,87 Zentimeter. Bei der Dana 44 beträgt

der Durchmesser 1,31 Inch, also knapp 3,3 Zentimeter. Sie verfügt über 30 Splines. Die Dana 60 schließlich verfügt bei einem Durchmesser von 1,5 Inch, also 3,81 Zentimetern, über 35 Splines. Dass die Achswelle mit dem größten Durchmesser mehr aushält als die Wellen mit weniger Durchmesser, ist grundsätzlich klar. Allerdings kommt es noch darauf an, aus welchem Material sie gefertigt sind. Die Standardwellen bestehen in der Regel aus gewöhnlichem Stahl. Insbesondere der Zubehörhandel bietet aber auch Achswelle aus Chrom-Molybdän-Stahl an, landläufig als Chromoly bezeichnet. Achswellen aus diesem Material sind nochmal stabiler als die aus gewöhnlichem Stahl. Daher kann eine Dana-44-Welle aus Chromoly stabiler sein als eine Dana-60-Welle aus herkömmlichem Stahl.

Im Inneren der Achse sitzen die Achswellen. Die Verzahnung an den Enden stellt die Verbindungen zu Differential und Rädern her. Sind die Kräfte zu hoch, können sie sich auch abdrehen.

Starrachsen gelten bei vielen Offroad-Puristen als das Maß der Dinge. Die starren Achskörper können an Blatt- oder, wie hier, an Schraubenfedern aufgehängt sein.

Fahrzeuge mit Portalachsen haben deutlich mehr Platz unter dem Differential.

Portalachse

Während üblicherweise die Räder mittig auf der Achse sitzen, die Achswelle also das Rad direkt antreibt, sitzt die Achse bei Portalachsen über der Radmitte. Der Antrieb erfolgt dabei über Zahnräder. Damit bilden Achse und Räder eine Art Portal. Der Vorteil dieser Konstruktion ist das höherliegende Differential. Üblicherweise ist das der tiefste Punkt unter dem Auto, der sich lediglich durch größere Räder nach oben bringen lässt.

Größere Räder bedeuten aber ab einer gewissen Größe auch eine Änderung der Achsübersetzungen. Dann müssen Teller- und Kegelrad getauscht werden (→ Achsdifferentiale) und das an beiden Achsen. Da der Antrieb der Räder bei Portalachsen über Zahnräder realisiert wird – eins am Achsende und eins am Rad – lässt sich das mit einer entsprechenden Übersetzung auch über diesen Weg lösen.

Portalachsen können wie beim Unimog als Starrachse ausgeführt sein, aber auch als

Portalachsen können als komplette Achse ausgeführt sein, wie hier beim Mercedes G 4x4² …

.. oder als Bolt-on-Portale, wie hier beim Umbau des Suzuki Jimny der Firma Tibus.

Einzelradaufhängung wie beim HMMWV. Abgesehen davon lassen sich auch normale Achsen zu Portalachsen umrüsten. Das funktioniert mit sogenannten Bolt-on-Portalen, also Portalen, die statt der Räder an die Achsenden montiert werden. Bekannt für diese Bolt-on-Portale ist unter anderem die Firma T bus-Offroad, die diese Portale zum Beispiel für den Mercedes G, den Jeep Wrangler, den Land Rover Defender, den Toyota Land Cruiser oder den kleinen Suzuki Jimny GJ herstellt und vertreibt.

Einzelradaufhängung

Anders als bei der Starrachse, bei der beide Räder starr miteinander verbunden sind und deren Ein- und Ausfedern sich gegenseitig bedingt, können die Räder bei einer Einzelradaufhängung unabhängig voneinander nach oben und unten wandern. Die Achswellen sind hier nicht in einem starren Achskörper montiert, sondern laufen jeweils separat vom Achsdifferential zum Rad. Federt das Rad ein oder aus, machen sie diese Bewegung mit.
Die älteste bekannte Anwendung der Einzelradaufhängung war laut *Wikipedia* an einem Dampfomnibus aus dem Jahr 1873 montiert. Ebenfalls also eine Erfindung, die es demnach schon länger gibt. Und natürlich hat sich in den seitdem vergangenen fast 150 Jahren eine Menge getan. So unterscheiden wir heute mehrere Arten von Einzelradaufhängungen.

Die drei heute üblicherweise verwendeten sind:

- Die Federbeinachse mit → MacPherson-Federbein. Hier bilden Feder, Dämpfer und Radführung ein Bauteil. Diese Achse ist zum Beispiel im Ford Ranger montiert.

MacPherson-Federbein.

- Die Doppelquerlenkerachse mit Dreieckslenkern. Sie besteht aus einem unteren und einem oberen Dreieckslenker, beide sind durch einen Stablenker miteinander verbunden. Der obere Dreieckslenker ist in der Regel kürzer als der untere, um ein Verändern der Spurweite beim Einfedern zu verhindern. Wohl bekanntester Vertreter mit dieser Vorderachse ist der Lada Niva.

Oberer und unterer Dreieckslenker = gelb, Achswelle = rot, Lenkgestänge = grün, Stabilisatorstange = blau, Koppelstange = orange.

Die Mehrlenker-Hinterachse des neuen Land Rover Defender.

- Die Mehrlenker- oder Multilink-Achse. Unter diesem Begriff werden mehrere Ausführungen einer Achsbauweise zusammengefasst. Ausführungen sind unter anderem die Vierlenker- oder die Fünflenkerachse, bei denen das Rad an vier, beziehungsweise fünf Lenkern geführt wird. Diese Art der Radaufhängung ist meist an der Hinterachse zu finden, zum Beispiel am New Defender.

Und natürlich lassen sich auch an Fahrzeugen mit Einzelradaufhängung längere Federn und längere Dämpfer montieren. Aber auch hier müssen ab einer gewissen Höhe zum Beispiel die Dreieckslenker angepasst werden, die für die Führung der Räder sorgen.

Der Vorteil der Einzelradaufhängung liegt vor allem darin, dass sich bei einem höheren Fahrwerk auch die Bodenfreiheit unter dem Differential erhöht, was bei der Starrachse nicht der Fall ist. Dass man auch mit Einzelradaufhängung im Gelände ziemlich weit kommt, beweisen nicht nur amerikanische Offroad-Boliden in unzähligen *YouTube*-Videos, die bei Rallyes und anderen Veranstaltungen durch die Weiten der amerikanischen Wüsten donnern, sondern auch der gute alte, oben schon erwähnte Lada Niva, der vorn über eine Einzelradaufhängung verfügt. Darüber, was nun besser ist, Starrachse oder Einzelrad, kann man nächtelang bei viel Bier am Lagerfeuer diskutieren, ohne jedoch eine wirklich abschließende Antwort zu darauf zu finden.

Der Lada Niva beweist seit 1977, dass man auch ohne vordere Starrachse im Gelände ziemlich weit kommen kann.

Achssperren

Fängt im Gelände ein Rad an durchzudrehen, macht das Differential in der Achse, was es eigentlich soll: Es gleicht die unterschiedlichen Radumdrehungen aus. Auf der Straße ist das auch unbedingt so gewollt. Wäre es nicht so, würde, wie wir oben gesehen haben, das kurveninnere Rad gnadenlos über den Asphalt radieren und es gäbe massive Verspannungen im Antriebsstrang. Weder Reifen noch Achswellen würden das besonders lang aushalten.

Was auf der Straße gewollt ist, wird beim Fahren im Gelände aber schnell zum Nachteil. Hebt der Offroader zum Beispiel ein Rad, dreht es lustig und munter seine Runden durch die Luft, während das andere Rad sich keinen einzigen Millimeter mehr weiterbewegt. Sind Sperren in den Achsen vorhanden, kann man das Achsdifferential jedoch sperren. Dann werden beide Räder gleichmäßig angetrieben, da das Differential blockiert wird. Hier unterscheidet man jedoch zwischen manuell schaltbaren und automatischen Sperren.

Das Schalten von manuellen Sperren erfolgt meist per Druckluft, wie bei den Sperren der australischen Firma ARB, wird aber in der Regel über einen elektrischen Schalter geschaltet. Es gibt aber auch Sperren, die per Strom oder Bowdenzug geschaltet werden, wie den Ox-Locker aus den USA. Für eine Druckluftsperre benötigt man zusätzlich noch einen kleinen Kompressor im Fahrzeug, der die Druckluft für die Sperre erzeugt. Ist er ausreichend dimensioniert, können damit obendrein die Reifen befüllt werden.

Manuell schaltbare Sperren werden in der Regel über einen elektrischen Schalter betätigt. Bei der ARB-Sperre steuert er die Druckluft, mit der die Sperre eingerückt wird.

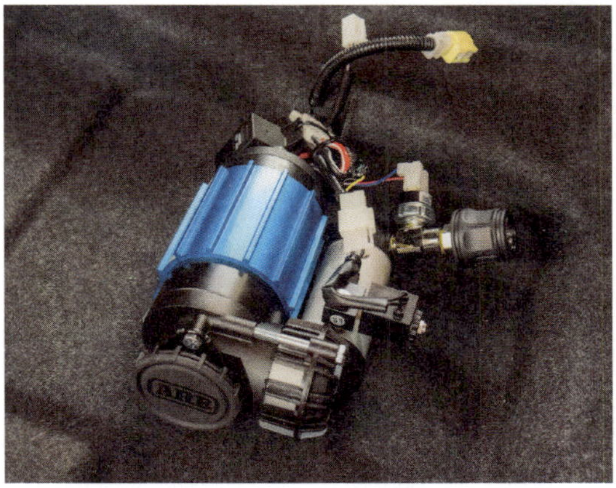

Dafür ist ein separater Kompressor nötig. Er kann im Motorraum oder im Fahrzeuginneren montiert werden. Hier unter dem Beifahrersitz.

Je nach Ausführung des Kompressors lassen sich damit auch gleich die Reifen mit Luft befüllen.

Die ringförmige Feder drückt den ...

... Zahnkranz zurück in die Ruheposition, wenn die Sperre ausgeschaltet wird.

Die Druckluft sorgt zum Beispiel bei der ARB-Sperre dafür, dass ein zusätzlicher Zahnkranz in das Differential gedrückt wird, die frei drehenden Komponenten blockiert und das Differential somit sperrt. Wird die Druckluftzufuhr abgeschaltet, drückt eine ringförmige Feder den Zahnkranz zurück. Dieses Ein- und Ausrücken des Zahnkranzes passiert mitunter nicht sofort, da die Zähne erst ins gegenüberliegende Zahnrad greifen oder sich wieder lösen müssen. Man sollte die Situation, in der man die Sperre benötigt, also früh genug einschätzen. Steht man und die Sperre rückt nicht ein, hilft sie nicht viel.

Im Gegensatz zu den manuell schaltbaren Sperren schalten automatische Sperren je nach Fahrsituation selbsttätig. Dabei unterscheiden sich die verschiedenen Systeme jedoch voneinander. Während manche 100 Prozent der Kraft an das Rad mit Traktion leiten, geben andere nur rund 75 Prozent weiter. Auch der Aufbau der verschiedenen automatischen Sperren, der LSD-Sperren (»Limited Slip Differential«), selbst ist unterschiedlich. Grob unterteilt findet man hier Systeme mit Reiblamellen und Druckplatten, die ähnlich einer Kupplung funktionieren und daher auch einem gewissen Verschleiß unterliegen, Visco-Sperren, bei denen sich durch Drehzahlunterschiede die Viskosität des Öls ändert und das Differential somit gesperrt wird sowie ATB-Sperren (»automatic torque bias«), die über Schneckenräder das Drehmoment des Rades mit dem größten Schlupf auf das Rad mit dem geringsten Schlupf übertragen, also die Kraft vom durchdrehen Rad an das stehende Rad leiten.

Im Gegensatz zu den manuellen Sperren haben die automatischen Sperren den Nachteil, dass der Fahrer oder die Fahrerin nicht kontrollieren kann, wann sie schaltet und wann nicht. Die Sperre kann leider auch dann greifen, wenn es nicht gewünscht ist, also auf der Straße zum Beispiel bei Kurvenfahrt oder Nässe. Das äußert sich in der Regel durch leichte Knack- oder Klappergeräusche, was laut den Herstellern aber normal ist und nicht weiter beunruhigen sollte.

Während man das Greifen der automatischen Sperre jedoch nur bedingt mitbekommt, merkt man auf griffigem Untergrund sofort, dass man vergessen hat, die manuelle Sperre wieder auszurücken oder dass sie nicht ausgerückt ist. Der Wagen wird bei Kurvenfahrt bockig, und man spürt die Verspannungen im Antrieb förmlich. Ich habe dies schon selbst erlebt. Die ARB-Sperre an unserem Jimny rückte über eine längere Strecke nicht aus. Das Radieren der Räder an der Hinterachse war deutlich zu hören. In einem Kreisel rückte der Zahnkranz dann mit einem lauten Peng in seine Stellung zurück. In einer derartigen Situation macht man sich natürlich Gedanken, ob etwas kaputtgegangen ist. Die Sperre funktioniert jedoch nach wie vor einwandfrei.

Vor- und Nachteile einer automatischen Sperre

+ rückt automatisch ein und aus
+ greift, wenn man sie benötigt
+ geringer Preis
– greift auch auf der Straße
– kein Einfluss durch den Fahrer möglich

Vor- und Nachteile einer manuellen Sperre

+ volle Kontrolle über die Sperre
+ schaltet nicht ungewollt (auf der Straße)
– hoher Preis
– rückt unter Umständen nicht sofort ein
– muss manuell wieder ausgerückt werden

Verschiedene Hersteller von Sperren und die Funktionsweise der Systeme

ARB Air Locker

Die Firma ARB ist der Erfinder der Air-Locker-Sperren. Der Air Locker ist ein 100 Prozent sperrendes, manuell betätigtes Differential, das über Druckluft gesteuert wird. Die Sperre wird aktiviert, sobald Druckluft in den Ansteuerkolben geleitet wird, wozu ein zusätzlicher Kompressor im Fahrzeug benötigt wird. Im normalen Betrieb arbeitet der ARB Air Locker wie ein offenes Differential mit einer entsprechend gleichmäßigen Kraftverteilung auf festem Untergrund.

Ashcroft ATB

Das ATB-Torsen-Differential von Ashcroft ist ausschließlich den Land-Rover-Fahrern vorbehalten. Die automatische Sperre ist für den Defender, den Discovery 1 und 2 und den Range Rover Classic sowie den P38 erhältlich. Das Land-Rover-ATB-Differential kann vorn oder hinten montiert werden. Bei der Montage in den Defender-Modellen 110 und 130 in der Hinterachse wird noch ein Adapter-Kit benötigt. Beim Defender 90, Discovery 1 und Range Rover Classic sind die Differentiale für Vorder- und Hinterachse gleich. Grundsätzlich wird empfohlen, mit dieser Sperre nicht auf einem Rollen-Bremsenprüfstand zu fahren und den Prüfer nach Alternativen zu fragen.

Auburn Pro Series

Das Auburn-System »ECTED« kombiniert die automatische mit der manuellen 100-Prozent-Sperre.

Das vereint die Vorteile eines LSD-Differentials für den täglichen und leichten Geländeeinsatz mit den Vorteilen einer manuellen 100-Prozent-Sperre für den harten Geländeeinsatz.

Die Sperre wird per Knopfdruck von Automatik auf 100 Prozent zurückgeschaltet. Das System funktioniert elektrisch und kommt ohne Druckschläuche und Kompressor aus. Einen offiziellen Distributor gibt es in Deutschland jedoch derzeit nicht.

Detroit-Sperren

Die Detroit-Produktserie wird von der Firma Eaton hergestellt, die automatische und manuelle Sperrdifferentiale sowie Limited-Slip-Differentiale fertigt. Der Detroit Locker ist ein vollautomatisches Sperrdifferential, das bis zu 100 Prozent des verfügbaren Drehmomentes an ein einzelnes Rad leiten kann, wobei die Kraft an das Rad mit dem größeren Leistungsbedarf geleitet wird.

Das TrueTrac-Differential verhält sich prinzipiell genauso wie ein Detroit Locker, also vollautomatisch, gibt jedoch nur eine Leistung von maximal 75 Prozent an ein einzelnes Rad weiter.

Das True Trac besitzt im Gegensatz zu Limited-Slip-Differentialen herkömmlicher Bauart keine Reibscheiben oder Federn, die Kräfte werden über Helical-Zahnradsätze verschleißfrei verteilt.

Der Detroit E-Z Locker und der Detroit Gearless Locker kuppeln bei Geradeausfahrt beide Räder auf die Antriebswelle und verhindern das Durchdrehen. In Kurven auf festem Untergrund wird das schneller drehende Rad ausgekuppelt (normalerweise das kurvenäußere), und das Fahrzeug wird durch das innere Rad angetrieben.

Der Eaton-Elocker ist eine elektrisch schaltbare 100-Prozent-Sperre, ist in Deutschland jedoch bei keinem Händler zu finden.

Kaiser

Die Kaiser-Sperren aus Brasilien sind ebenfalls vollautomatisch 100 Prozent selbstsperrende Differentiale. Sie sollen über ein fein abgestimmtes Kupplungsverhalten verfügen, das durch die Konstruktion von Innen- und Außenring sowie Koppelwalzen erreicht wird. Die unterschiedlichen Konturen von Innen- und Außenring sollen im Gegensatz zu anderen Automatiksperren ein definiertes Schaltverhalten erlauben. Für die Kraftübertragung steht eine sehr große Anpressfläche zur Verfügung. Der deutsche Importeur vertreibt die Sperren jedoch nur an Fachbetriebe.

Powertrax

Powertrax entwickelt und produziert vollautomatische, 100 Prozent selbstsperrende Differentiale für eine Vielzahl von Fahrzeugen. Die Modelle Lock Right und No Slip agieren vollautomatisch. Die Leistung wird bei dieser Sperre immer an das Rad geleitet, das die höchste Traktion hat. Die Sperre kann, je nach Fahrzeug, von einem versierten Mechaniker in etwa zwei bis drei Stunden montiert werden, eine Justierung des Zahnflankenspiels ist in der Regel nicht notwendig. In Kurven bei schwierigen Straßenverhältnissen kann es jedoch zu Lastwechselreaktionen kommen, eventuelle Klackergeräusche in Kurven sollen normal sein.

Quaife

Quaife aus Großbritannien bietet eine komplette Serie Torsen-basierter Differentialsperren für Geländewagen, Pkw und Nutzfahrzeuge an. Der Löwenanteil der Produktion wird in Pkw von Alfa Romeo bis Volkswagen sowie diversen Nutzfahrzeugen eingebaut. Die Sperre arbeitet wartungsfrei und benötigt kein Spezialöl. Sie soll vor allem für eine ausgezeichnete Traktion bei Rennen sowie ein gut kontrollierbares Fahrverhalten sorgen. Im 4x4-Bereich ist die Sperre für Mitsubishi, Ford und Land Rover erhältlich, darunter auch für den Freelander. Darüber hinaus gibt es diese Sperre auch für Land- und Range-Rover-Zentraldifferentiale.

Ox-Locker

Der Ox-Locker ist für verschiedene Dana-Achsen erhältlich, die vor allem in Fahrzeugen der Marke Jeep im Einsatz sind. Der Ox-Locker ist eine manuelle Sperre, die, je nach Modell, über Druckluft, elektrisch oder aber über einen Bowdenzug geschaltet werden kann. Ist die Sperre nicht eingerückt, arbeitet das Differential wie ein offenes Differential. Das Original-Differential wird durch das Sperrdifferential komplett ersetzt Die Sperre ist für verschiedene Achsübersetzungen und Steckachsen-Verzahnungen erhältlich. Für den Einbau wird weiteres Zubehör benötigt und teilweise sind neue Differentialdeckel notwendig. Außerdem sind noch Umbauten für den Betätigungsmechanismus nötig.

Terrain Tamer

Noch ein Australier, allerdings mit amerikanischen Bauteilen. Der ELocker von Harrop wird in Melbourne gefertigt und mit geschmiedeten Zahnrädern von Sperren-Spezialist Eaton aus Amerika hergestellt. Das Differentialsperrsystem Elocker nutzt ein elektromagnetisches Schließsystem mit vier Ritzeln, die als offenes Differential fungieren, bis der Fahrer es manuell mit einem Schalter aktiviert. Die patentierte Technologie soll einfach zu montieren sein und ermöglicht es, Vorder- und Hinterachse unabhängig voneinander zu sperren.

TJM

Der TJM Pro Locker kommt ebenfalls aus Down Under und ist ein druckluftgesteuertes Sperrdifferential. Das Sperrdifferential arbeitet mit einem Sicherungsring, der das Ritzel des Differentials verriegelt und so die Antriebskräfte auf beide Räder gleich verteilt. Gehärtete Druckscheiben und die Größe des Sicherungsrings sollen den Pro Locker extrem belastbar machen. Beim Einbau sind, außer einer Bohrung und einer Fixierung des Druckluftanschlusses am Differentialgehäuse, keine Änderungen am Fahrzeug notwendig. Der Schaltzustand der Sperre wird über einen farbigen LED-Schalter am Armaturenbrett angezeigt.

Da der Einbau einer Sperre nicht ganz einfach ist, gehört dieser Job nicht zu den Arbeiten, die man in der heimischen Garage selbst vornehmen sollte. Dabei ist der reine Austausch des Differentialkorbs nicht das Problem. Schwierig wird es bei der richtigen Einstellung. Nach dem Einbau müssen Kegel- und Tellerrad wieder perfekt aufeinanderpassen (→ Achsdifferentiale). Das Kegelrad, ein kegelförmiges Zahnrad, bildet im Differential die Fortführung der Kardanwelle und sorgt für den Antrieb. Die Zähne des Kegelrads greifen in das Tellerrad, ein tellerförmiges Zahnrad, das am Differentialkorb montiert ist und somit den Antrieb der Achswellen übernimmt. Damit beide perfekt ineinandergreifen können, muss das sogenannte Tragbild stimmen, die Zähne sollten also möglichst mittig aufeinandertreffen. Ist das nicht der Fall, kann es zu vorschnellen Abnutzungen und Schäden kommen. Für diese komplizierte Einstellarbeit benötigen auch Profis mitunter einige Zeit, weshalb man sich als Laie besser gar nicht erst an diese Aufgabe wagen sollte.

Manuell geschaltet oder automatisch aktiviert? Es ist eine der Fragen, die sich beim Benzin- oder Dieselgespräch am Lagerfeuer bis spät in die Nacht diskutieren lässt – ohne dabei zu einem echten Konsens zu kommen. Während die einen gern die Kontrolle darüber haben möchten, wann das Differential in der Achse gesperrt ist und wann nicht, sind die anderen froh, der Technik die Arbeit überlassen zu können und zu wissen, dass die Sperrwirkung automatisch da ist, wenn sie gebraucht wird. Führen die einen das Argument ins Feld, dass die automatische Sperre ja auch in Situationen zumachen könne, in denen das nicht gewünscht oder gar gefährlich sein kann, argumentieren die anderen damit, dass das manuell geschaltete Diff-Lock nicht unbedingt zuverlässig sofort einrückt, wenn man es denn braucht und die Sperre dann nicht nur wirkungs- sondern damit auch überflüssig ist. Hinzu kommt das Argument der Verspannungen im Antriebsstrang, wenn man vergisst die Sperre wieder auszurücken oder nicht zuverlässig ausrückt, nachdem man sie benötigt hat.

Nach dem Einbau müssen Teller- und Kegelrad perfekt aufeinander abgestimmt sein. Aber nicht nur dafür benötigt man beim Einbau Spezialwerkzeug.

Ob man sich für eine automatische oder eine manuelle Achssperre entscheidet, ist nicht zuletzt eine Preisfrage. Es kommt auch auf den Einsatzzweck an.

All diese Gründe haben ihre Daseinsberechtigung, an allen ist etwas dran. Hinzu kommt zudem der Kostenaspekt. Während zum Beispiel die Lock-Right-Sperren von Powertrax für den Suzuki SJ 410 schon ab 300 Euro zu haben sind, werden für einen ARB-Air-Locker beim hierzulande unter der kriegerischen Bezeichnung »Samurai« verkauften Suzuki über 1000 Euro fällig. Und, wenn nicht vorhanden, schlägt der dazu benötigte Kompressor je nach Modell nochmal mit rund 200 bis 300 Euro zu Buche. Es gilt also gut zu überlegen, welche Strecken man mit dem Fahrzeug unter die Räder nimmt, und welche Schwierigkeitsgrade man dabei bewältigen will oder muss. Bleibt die Frage, welches System sich für welche Strecken besser eignet. Für die meisten Strecken ist man mit einer automatischen Sperre sicher gut gerüstet. Das Gelände darf durchaus auch heftiger sein und man kann mit ihnen durchaus auch an Wettbewerbsveranstaltungen teilnehmen. Geht es dagegen richtig hart zur Sache, ist die manuelle Sperre durchaus die bessere Wahl – wobei sich darüber natürlich noch einmal bei ein paar Bier am Lagerfeuer diskutieren ließe.

Freilaufnaben

Freilaufnaben kennen wir vom Fahrrad. Sie sorgen dafür, dass die Pedale nicht drehen, wenn man nicht tritt. Sie entkoppeln also den Antrieb (Pedale, Zahnräder und Kette) vom sich drehenden Rad. Freilaufnaben findet man zum Teil ebenfalls bei Geländewagen (→ Zuschalt-Allrad). Wird das Fahrzeug im Zweiradantrieb gefahren, ist die Vorderachse zwar abgeschaltet, die Achse, das Differential und Kardanwelle drehen sich aber dennoch mit. Das bedeutet – zwar minimalen – Verschleiß und Kraftstoffverbrauch. Das zu verhindern ist Aufgabe der Freilaufnabe.

Sie sitzt – wie der Name schon sagt – an den Radnaben der zuschaltbaren Achse*. Über die Freilaufnabe lässt sich das Rad von der Antriebswelle entkoppeln. Wie bei den → Achssperren gibt es auch hier manuell schaltbare und automatische Naben. Beim Nissan Patrol GR der Baujahre 1988 bis 1998 (Modell Y60) zum Beispiel war eine automatische Freilaufnabe serienmäßig montiert. Sie aktiviert automatisch, sobald der Allradantrieb eingelegt wird und man vorwärts fährt. Wird zurück in den Zweiradmodus geschaltet, muss man ein paar Meter rückwärts fahren, um sie wieder zu entkoppeln.

Bei den manuellen Freilaufnaben sitzt in der Mitte der Nabe ein Drehschalter, der sich in die Stellungen »Free« und »Lock« oder »4x2« und 4x4« drehen lässt. Wichtig bei der manuellen Sperre ist, auch daran zu denken, sie einzuschalten, wenn man den Allradantrieb einlegt. Ich habe bei mancher Fahrt im Gelände schon einige Offroader erlebt, die sich gewundert haben, warum sie vorn keinen Antrieb haben, obwohl sie doch den Allrad eingelegt haben. Umgekehrt muss man daran denken, sie manuell wieder herauszunehmen, wenn es zurück auf die Straße geht.

Freilaufnaben sind als automatische oder manuell schaltbare Naben erhältlich. Hier eine Nabe, die von Hand verriegelt wird.

* Bei allen mir bekannten Fahrzeugen mit Zuschalt-Allrad ist das die Vorderachse. Sollte einer meiner Leser ein Fahrzeug mit Vorderradantrieb und zuschaltbarer Hinterachse kennen, freue ich mich über eine Information dazu.

Kreuzgelenke und Homokineten

Kreuzgelenke kommen in Geländewagen an zwei Stellen zum Einsatz: An den Kardanwellen und an der Vorderachse. Auch dieses Prinzip ist schon lange bekannt und geht in seiner Urform bis ins 13. Jahrhundert zurück. Und natürlich hat auch Leonardo da Vinci einen Vorläufer des Kreuzgelenks verwendet.

Das zentrale Bauteil des Kreuzgelenks ist ein Kreuz, das an zwei Wellen befestigt ist. Deren Ende ist in jeweils U-Form ausgeführt. Die beiden Us stehen im rechten Winkel zueinander. Durch diese Konstruktion lässt sich die

gesamte Welle um einen Knick drehen und macht auch Auf- und Ab-Bewegungen mit. Das ist sowohl für die Kardan- als auch für die Achswellen an der lenkbaren Achse wichtig. Das Kreuz verfügt an seinen Enden über Nadellager, die die Drehung erleichtern. Gerade an der Vorderachse ist das Kreuz jedoch eine Schwachstelle, die gern bricht.
Weniger anfällig sind dagegen homokinetische Gelenke, auch Gleichlaufgelenke genannt. Vereinfacht erklärt ist das Gleichlaufgelenk eine Art drehbares Kugellager. Am einen Ende der Welle sitzt eine Kugel mit gerundeten Rillen in Wellenrichtung. Das Gegenstück bildet ein Ring oder Korb, der ebenfalls Führungen aufweist und der um die Kugel greift. Zwischen Kugel und Korb laufen kleinere Kugeln, die sich bei Drehung in den Rillen bewegen können. Bewegungen der Welle können so ausgeglichen werden. Beim Jeep Grand Cherokee ZJ zum Beispiel sind an der Vorderachse statt Kreuzgelenken homokinetische Gelenke montiert. ■

Das Kreuzgelenk verbindet die Kardanwellen mit den Differentialen. Es kommt bei vielen Fahrzeugen …

… aber auch an der lenkbaren Achse an den Enden der Achswellen zum Einsatz.

FAHR-WERK

Fahrwerk

Die Geländegängigkeit eines Fahrzeugs wird – neben dem Allradantrieb – durch die Bodenfreiheit und die Achsverschränkung bestimmt. Je höher beides, desto unwegsamer darf das Gelände sein. Und beides lässt sich durch ein höheres Fahrwerk verbessern. Man sorgt mit dem Einbau also gleich doppelt dafür, dass man im Gelände weiter kommt.

Doch aus was besteht das eigentlich, dieses Fahrwerk? Qua Definition gehört alles dazu, was dafür sorgt, dass das Fahrzeug die Kraft vom Motor und Getriebe auf die Straße bringen kann. Also von den Rädern angefangen über die Radaufhängung, die Radlager und die Bremsen bis hin zu den Stabilisatoren und die Lenkung. Und natürlich die Federn und die Stoßdämpfer. Spricht der Geländewagenfahrer davon, sich ein neues Fahrwerk einzubauen, geht es in der Regel um diese beiden letztgenannten Komponenten: höhere Federn und längere Dämpfer.

Dadurch ändert sich jedoch nicht nur die Fahrwerksgeometrie, auch die Knickwinkel – und unter Umständen die Länge der Kardanwellen – stimmen nicht mehr. Außerdem kann die Länge der Bremsleitungen nicht mehr ausreichend sein. Während bei Fahrzeugen mit Starrachse und Blattfedern vor allem Kardanwelle, Knickwinkel und Bremsleitungen ein Problem sein können, kommen bei Fahrzeugen mit Schraubenfedern noch ein paar andere Dinge hinzu. Die Länge des → Panhardstabs und der → Längslenker passen ebenfalls nicht mehr.

Bis zu einer gewissen Höhe der Federn stellt das kein allzu großes Problem dar. Bleibt man in einem moderaten Rahmen mit der Fahrwerkserhöhung, kann man diese Aspekte vernachlässigen, denn die gesamte Geometrie verändert sich nicht allzu stark. Bei schraubengefederten Fahrzeugen zum Beispiel wandern Achsen nur minimal nach hinten und zur Seite, die Änderung der Knickwinkel der Kardanwellen ist noch vertretbar und auch die Länge der Wellen und Bremsleitungen ist noch ausreichend. Ab einer gewissen Höhe müssen jedoch auch diese Komponenten angepasst werden. Und das ist dann gleichzeitig auch der Zeitpunkt, ab dem es teuer wird. In der Regel sitzen dann die Achsen nicht mehr optimal, die Knickwinkel der Kardanwellen sind zu groß, die Bremsleitungen dafür zu kurz. Zudem müssen Sturz und Spur neu eingestellt werden, da eine höhere Feder dafür sorgt, dass das Rad leicht schräg gestellt wird. Und unter Umständen müssen ein paar Veränderungen an der Karosserie vorgenommen werden, weil durch die höhere Verschränkung bei Vollausschlag die Räder in den Radhäusern streifen.

Der Vergleich zwischen den Serienfedern und -dämpfern mit den Federn und Dämpfern von Old Man Emu zeigt, dass die Nachrüst-Komponenten nicht nur länger sind, die Feder verfügt auch über mehr Wicklungen.

Tauscht man das Serienfahrwerk gegen Federn und Dämpfer aus den Zubehörhandel aus, kann man den Geländewagen damit etwas höher legen. Außerdem wird damit der Fahrkomfort verbessert.

Bei einem Fahrwerksumbau sollte vor und nach dem Umbau die Fahrzeughöhe gemessen werden. Sinnvollerweise wird dabei von der Mitte der Radnabe zum Rand vom Kotflügel gemessen.

Misst man vom Boden zur Kotflügelkante, können sich Messfehler ergeben. Eine Ursache dafür kann zum Beispiel der unterschiedliche Luftdruck in den Reifen sein. Der Höhenzuwachs lässt sich bei der Vorher-Nachher-Messung natürlich trotzdem feststellen.

TIPP: Entscheidet man sich neue und eventuell längere Federn in sein Fahrzeug einzubauen, ist es sinnvoll, sich vorab Gedanken über den Einsatzzweck des Offroaders zu machen. Soll er nur für das Fahren in heftigem Gelände und ohne Beladung dienen? Oder soll er Reisefahrzeug sein, das jede Menge Gepäck transportieren kann? Die Federn sollten zu dem jeweiligen Zweck passen. Baut man in den Trial- oder Trophy-Offroader Federn mit zu hoher Federrate oder in das Allrad-Reisemobil Federn mit zu niedriger Rate ein, wird man keinen Spaß daran haben. Beides wird sich fahren wie der berühmte Sack Nüsse.

Blattfedern

Bei den klassischen Geländewagen mit Starrachsen findet man zwei Typen von Federn: die Blattfeder und die Schraubenfeder. Beide haben ihre Vor- und Nachteile. Blattfedern haben den Vorteil, dass sie gleichzeitig die Achse führen und sie mittig unter dem Fahrzeug halten, egal wie hoch sie den Rest des Wagens heben. Baut man also ein höheres Blattfeder-Fahrwerk ein, geht das meist ohne weitere Modifikationen an der Radaufhängung. Außerdem sind sie für schwere Lasten besser geeignet, weswegen man sie bei Pickups in der Regel an der Hinterachse findet. Die Blattfeder besteht aus mehreren übereinanderliegenden Lagen Stahl, die – je nach Anforderung – eine definierte Spannung aufweisen. Diese Spannung lässt mit der Zeit jedoch nach. Sind die Federn »ermüdet«, sollten sie ausgetauscht werden.

Die oberste Lage ist die längste Lage und weist an den Enden Führungen für die Montagebolzen auf. Damit werden die Federn am Fahrzeug oder am Fahrzeugrahmen befestigt. Nach unten werden die Lagen kürzer. Die Befestigung an der Achse erfolgt in der Regel mit Federbriden, also eckig geformten U-Bügeln. Üblicherweise wird die Feder dabei unter der Achse hindurchgeführt. Gerade die Fahrer der Jeep-Modelle CJ und YJ kennen jedoch auch die Montage über der Achse. Bezeichnet wird dies als SOA (»Spring Over Axle«). Die Federn auf diese Art und Weise zu montieren bringt zwar einiges an Höhe für Rahmen und Fahrzeug, geht aber mit diversen Nachteilen einher. Die Federn verdrehen sich stärker und die Achsführung wird schlechter. Die Knickwinkel der Kardanwellen stimmen nicht mehr und die Achsen müssten mit dem Eingang ins Differential nach oben gedreht werden, um das zumindest ansatzweise auszugleichen. Außerdem müssen die Lenkung und die Dämpferaufnahmen angepasst werden. Stattdessen ein höheres Fahrwerk einzubauen, ist der leichtere und sinnvollere Weg. Eine andere Möglichkeit, das Fahrzeug in die Höhe zu bringen, sind längere → Federschäkel.

Ist eine Starrachse an Blattfedern aufgehängt, benötigt sie keine zusätzliche Achsführung. Durch die massiven Federpakete wird die Achse ausreichend geführt.

Querblattfedern

Statt die Blattfedern längs einzubauen, können sie auch quer montiert werden. Entwickelt wurde das Prinzip Anfang der 1930er-Jahre und kam im Zusammenspiel mit einer Starrachse unter anderem in DKW-Modellen und bei Wartburg zum Einsatz. Ihr Nachteil war die Bauhöhe, die Platz in Motor- und Kofferraum kostet.

In Verbindung mit einer Einzelradaufhängung kommt sie heute zum Beispiel beim Sprinter von Mercedes Benz zum Einsatz. Hier besteht sie ab Werk jedoch nicht aus Stahl, sondern aus GFK. Der Zubehörmarkt bietet allerdings auch Nachrüstfedern aus Stahl an. Mit ihnen lässt sich das Fahrwerk verstärken und natürlich auch höherlegen.

Beim Mercedes Sprinter ist an der Einzelradaufhängung der Vorderachse eine Querblattfeder montiert. Sie besteht aus GFK, Nachrüstfedern sind aber auch aus Stahl erhältlich.

Schraubenfedern

Hängt die Starrachse dagegen an Schraubenfedern, kann sie meist zwar weiter wandern, die Schraubenfeder kann die Achse aber nicht fixieren. Für den einen Teil der Führung sorgen sogenannte → Längslenker. Da das aber noch nicht ausreicht, und die Achse immer noch seitlich hin und her wandern kann, wird noch ein → Panhardstab benötigt. Er sorgt dafür, dass sie Achse mittig unter dem Auto bleibt.

Bei der Schraubenfeder handelt es sich um eine spiralförmig aufgewickelte → Drehstabfeder. Die beiden Enden dieser Spirale sind so geformt, dass sie plan in den Federtellern an Achse und Rahmen oder Karosserie liegen. Schraubenfedern können aus unterschiedlich starkem Material, mit unterschiedlichen Steigungen, unterschiedlichen Durchmessern und mit verschiedenen Federraten hergestellt werden. Die Stärke des Materials kann auch innerhalb der Feder variieren. Dann spricht man von progressiven Federn. Das bedeutet, dass die Feder sich umso schwerer auseinanderziehen oder zusammendrücken lässt, je weiter sie gespannt oder gestaucht wird.

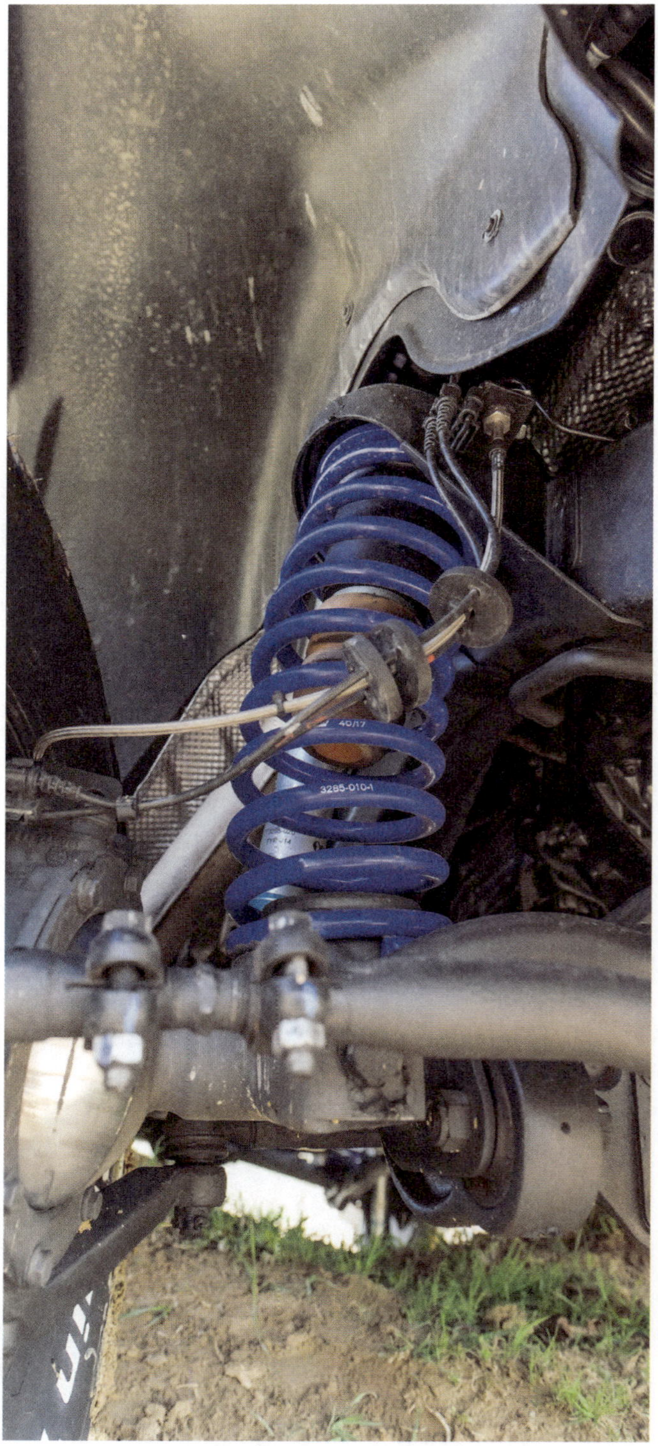

Hängt die Achse an Schraubenfedern, kann sie in der Regel weiter wandern als eine Achse, die an einer Blattfeder hängt. Dafür ist die Schraubenfeder zu weich um die Achse zu führen.

Vor dem Hantieren mit dem Federspanner haben auch erfahrene Schrauber Respekt. Daher sollte man zur Montage der Federn ausschließlich ein Profi-Werkzeug verwenden.

TIPP: Sofern die Bolzen, mit denen Blattfedern am Fahrzeug verschraubt sind und nicht zu festgerostet sind, lassen sie sich grundsätzlich auch in der heimischen Garage relativ einfach tauschen. Bei Schraubenfedern wird das je nach Fahrzeug nicht nur schwieriger, sondern auch gefährlich. Lassen sie sich beim Jimny FJ einfach herausnehmen, wenn die Dämpfer gelöst und die Achse abgelassen ist, müssen sie zum Beispiel beim Jeep Wrangler zusammengepresst werden, damit sie rein- und rausgehen. Dafür gibt es spezielle Federspanner. Günstige Modelle sind schon für rund 100 Euro zu haben.
Dennoch: Ich rate eher davon ab, diese Arbeit selbst zu erledigen. Ich habe bisher keinen Automechaniker oder Schrauber getroffen, der nicht zumindest einen gewissen Respekt vor dem Hantieren mit der im Federspanner gespannten Feder hat. Die Kraft, die hier aufgewendet werden muss, ist enorm. Löst sich die Feder, kann sie Schäden und Verletzungen verursachen. Einer der 4x4-Schrauber, die ich kenne und mit dem ich über dieses Thema sprach, zeigte auf ein ziemlich großes Loch im Putz der Hallendecke – verursacht von einer Feder, die sich gelöst hatte und unkontrolliert durch die Werkstatt geflogen ist. Von irgendwelchen selbstgebauten Konstruktionen mit Spanngurten oder selbstgeschweißten Machwerken rate ich daher dringend ab. Und denen, die diese Arbeit selbst erledigen wollen, rate ich zu vernünftigem Werkzeug und zur nötigen Vorsicht. Die paar Euro Ersparnis sind es nicht wert, irgendetwas zu beschädigen oder gar (schwere) Verletzungen davonzutragen.

Coil-Over-Federn

Die Coil-Over-Federn, im Deutschen als Federbein bezeichnet und in der Szene kurz »Coilover« genannt, sind Schraubenfeder und Stoßdämpfer in einem. Sie sind somit ähnlich aufgebaut wie die MacPherson-Federbeine (→ Einzelradaufhängung), unterscheiden sich aber dennoch von diesen. Im Gegensatz zu dem MacPherson-Federbein lassen sie nur eine lineare Bewegung zu. Bei der Coil-Over-Feder sitzt eine Schraubenfeder, die von zwei Federtellern gehalten wird, über dem Stoßdämpfer. Dadurch benötigt man bei der Montage nur einen Montagepunkt oben und einen unten – und nicht je zwei wie beim getrennten Einbau von Federn und Dämpfern. Allerdings müssen sie an den Aufhängungen beweglich in Gummi gelagert sein. Zum Einsatz kommen sie meist bei Fahrzeugen mit Doppelquerlenker- und Längslenkerachsen. Sie lassen sich aber auch als Verstärkung verwenden, zum Beispiel an Starrachsen mit Blattfedern. Häufig sieht man sie aber auch an eigens für Trophy- oder Trial-Veranstaltungen aufgebauten Fahrzeugen.

Bei Coil-Over-Federn sitzt der Stoßdämpfer innerhalb der Schraubenfeder. So wird nur je ein Montagepunkt oben und unten benötigt.

Drehstabfedern

Drehstabfedern sind heute eher unbekannt und sind auch nur noch in wenigen Fahrzeugen zu finden. Erfunden und 1931 zum Patent angemeldet wurden sie von Ferdinand Porsche. Kaum verwunderlich also, dass sie nicht nur in den Porsche Modellen 356 und 911 zu finden waren, sondern auch im guten alten Käfer sowie im Kübelwagen und den VW-Bus-Modellen T1, T2 und T4. Sie wurden aber auch an den Montagebändern anderer Hersteller wie Peugeot, Renault, Barkas, Chrysler sowie General Motors in verschiedene Fahrzeuge montiert. Bei Geländewagen findet man sie zum Beispiel im Nissan Terrano II.

Im Gegensatz zur Schraubenfeder besteht die Drehstabfeder aus einem Stab, bei dem die Federung durch das Verdrehen um seine Längsachse entsteht. Sowohl Schrauben- als auch Drehstabfedern gehören zu den sogenannten Torsionsfedern. Beide sind über die ganze Länge elastisch und können tordieren, sich also verdrehen. Als Torsion bezeichnet man die Möglichkeit eines Körpers sich zu verdrehen. Wird ein Körper, in diesem Fall die Drehstabfeder, verdreht – also tordiert –, spricht man vom Torsionsmoment. Die auftretenden mechanischen Spannungen werden folglich als Torsionsspannungen bezeichnet.

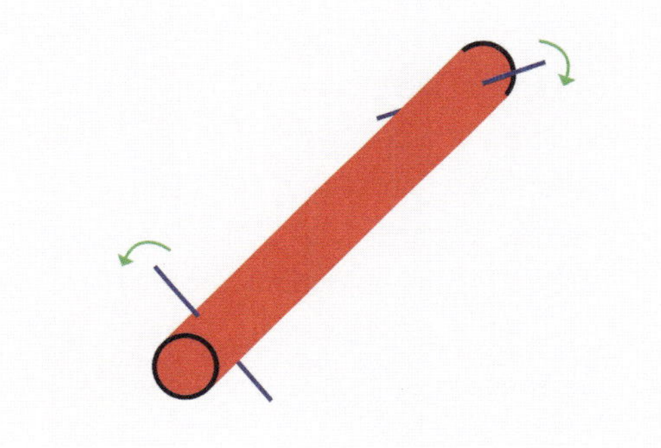

Wird ein Stab mit einem Hebel senkrecht zur Längsachse verdreht, bezeichnet man diesen Moment als Torsionsmoment.

Der Nissan Terrano II verfügt als einer der wenigen Geländewagen vorn über Drehstabfedern.

Stoßdämpfer

Der Stoßdämpfer ist das zweite zentrale Bauteil eines Fahrwerks. Sorgt die Feder dafür, Unebenheiten des Untergrunds auszugleichen und vom restlichen Aufbau fernzuhalten, hält der Dämpfer die Feder sozusagen im Zaum. Federt eine Feder aus oder ein, federt sie auch zurück. Diese Bewegung setzt sie so lange fort, bis sie allmählich in ihre Ausgangs- oder Ruheposition zurückkehrt. In einem Fahrwerk ist dies aber nicht gewollt, zumal auch eine Vorwärtsbewegung stattfindet und die Feder ständig neue Impulse erhält. Sie soll also nur einen Stoß ab-, danach aber nicht weiterfedern, sondern möglichst schnell in ihre ursprüngliche Lage zurückkehren. Diese Aufgabe übernimmt der Stoßdämpfer. Er dämpft die Federbewegung ab. Doch wie funktioniert so ein Stoßdämpfer eigentlich?

Der Dämpfer besteht aus einem Rohr oder Zylinder, in dem ein Kolben sitzt, der an einer Stange, der Kolbenstange, befestigt ist. Kolben und Kolbenstange können sich im Rohr nach oben und unten bewegen. Die Kolbenstange ist am Fahrzeugrahmen oder der Karosserie befestigt, das Rohr an der Achse. Die dämpfende Wirkung wird durch Öl, Öl und Gas oder Luft im Rohr verursacht. Sie dämpfen den Kolben bei seinen Bewegungen ab. Und natürlich gibt es auch bei Stoßdämpfern mehrere Ausführungen.

- Einrohr-Stoßdämpfer (Gasdruckdämpfer) – Bei dieser Ausführung läuft der Kolben in einem Rohr, das in eine Öl- und in eine Gaskammer unterteilt ist. Im Kolben befinden sich Dämpfungsventile, durch die das Öl in den oberen oder unteren Bereich strömen kann. Das Gaspolster gleicht dabei die Volumenänderung aus.

Bei Einrohr-Stoßdämpfern läuft der Kolben in einem einzigen Rohr. Einrohr-Dämpfer sind die einfachsten und damit günstigsten Stoßdämpfer.

- Zweirohr-Stoßdämpfer – bei ihnen befindet sich um das Rohr, in dem der Kolben läuft, noch ein zweites Rohr. Durch Öffnungen im unteren Bereich des inneren Rohrs kann das Öl in das äußere Rohr entweichen und wieder zurückfließen. Dies schafft nicht nur zusätzlichen Ausgleichsraum, sondern sorgt auch dafür, dass das Öl weniger stark erhitzen kann. Dieser Effekt kann noch durch einen externen Ausgleichsbehälter erhöht werden. Dass diese aufwändiger konstruierten Dämpfer zwar besser, dafür aber auch teuer sind, versteht sich von selbst.

Bei einem Zweirohr-Stoßdämpfer wird das innere Rohr, in dem der Kolben läuft, noch von einem zweiten Rohr umschlossen. Der BP51 von OME verfügt zusätzlich über seitliche Bypässe.

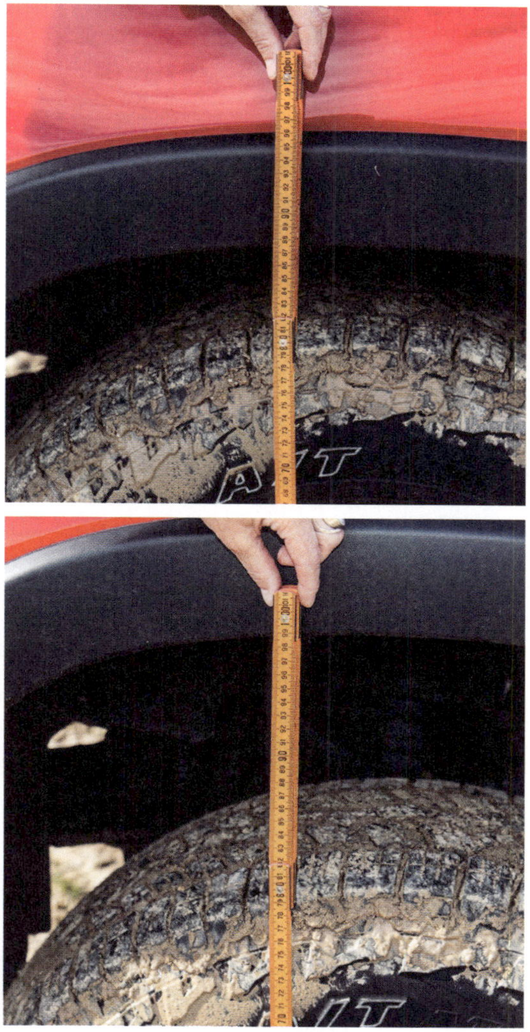

Mit Luftdruck-Stoßdämpfern lässt sich die Bodenfreiheit auf Knopfdruck erhöhen. Allerdings nimmt dadurch auch die Federwirkung ab, je höher die Dämpfer gepumpt werden.

- Luftdruck-Stoßdämpfer – Bei Luftdruckdämpfern wird die Dämpfung durch Pressluft erzeugt. Ihr Vorteil ist, dass damit auch eine Niveauregulierung möglich ist. Das Fahrwerk kann also nach oben gepumpt oder nach unten abgelassen werden. Der VW Touareg, der New Defender oder der RAM Rebel sind zum Beispiel mit Luftfederfahrwerken ausgestattet. Aber dieses System tat schon in einigen älteren Modellen des Range Rover (classic) Dienst.

TIPP: Defekte Stoßdämpfer erkennt man daran, dass das Fahrzeug im Stand oder während der Fahrt nach einem Ansprechen des Dämpfers lange nachschwingt. Denn auch Stoßdämpfer unterliegen den Verschleiß. Daher sollten sie – wie auch die Federn – regelmäßig überprüft und gegebenenfalls ausgetauscht werden. Denn ausgeleierte Federn und ausgelutschte Stoßdämpfer sind Sicherheitsrisiken.

Achsführung

Während bei Fahrzeugen mit Blattfedern die Feder die Achsführung übernimmt, müssen die Achsen schraubengefederter Fahrzeuge zusätzlich geführt werden. Starrachsen, die an Schraubenfedern aufgehängt sind, bieten dem Geländewagenfahrer zwar einen großen Vorteil, da sie in der Regel eine größere Verschränkung der Achsen erlauben. Das heißt, die Achse kann auf jeder Seite weiter nach oben und unten wandern. Die Schraubenfeder hat aber gegenüber der Blattfeder aber auch einen Nachteil: Sie kann die Achse nicht fixieren. Das bedeutet, die Achse kann unkontrolliert hin- und herwandern, hinge sie – so wie bei Blattfedern – nur an den Schraubenfedern. Denn die Schraubenfeder bietet hierfür nicht genügend Stabilität. Schauen wir uns also die verschiedenen Führungen an, die an einer Starrachse montiert sind.

Längslenker

Für den einen Teil der Führung sorgen sogenannte Längslenker. In der Regel werden dafür zwei kürzere Streben oben und zwei längere unten an der Achse angeschlagen. Das andere Ende der Längslenker ist am Rahmen oder der Karosserie befestigt. Sie sorgen in Längsrichtung dafür, dass die Achse dort bleibt, wo sie sein soll. Baut man höhere Federn und Dämpfer ein, wandert die Achse dadurch ein Stück nach hinten. Ab einer gewissen Höhe werden die Längslenker dann zu kurz und man muss längere montieren. Manche Hersteller bieten dafür einstellbare Längslenker an, die in der Länge justiert werden können. Wird es besonders hoch, kann man auch ein sogenanntes Longarm-Fahrwerk einbauen. Dafür müssen jedoch die Aufnahmen an der Karosserie umgesetzt werden und weiter in Richtung Fahrzeugmitte wandern.

Sind an der Starrachse Schraubenfedern montiert, werden zusätzliche Achsführungen benötigt. Dazu gehören vor allem der obere und untere Längslenker (gelbe Pfeile) sowie der Panhardstab (roter Pfeil).

Panhardstab (Querlenker 1)

Einen Teil der Achsführung übernehmen also die Längslenker. Da das aber noch nicht ausreicht und die Achse immer noch seitlich hin und her wandern kann, wird auch hier noch eine Führung, ein Querlenker, benötigt. Eine einfache und kostengünstige Lösung ist der Panhardstab. Er wurde um 1890 vom französischen Autobauer Panhard & Levassor erfunden und sorgt dafür, dass die Achse mittig unter dem Auto bleibt.
Das funktioniert aufgrund seiner Konstruktion aber nur bedingt. Denn er ist auf der einen Seite an der Achse angeschlagen, führt dann schräg nach oben und ist am anderen Ende am Fahrzeug befestigt. In der Regel geschieht das bei Vorder- und Hinterachse versetzt. Wandert die Achse nun nach oben oder unten, sorgt der Panhardstab automatisch dafür, dass sie sich immer auch etwas nach rechts oder links bewegt. Während die eine nach rechts wandert, verschiebt es die andere nach links. Je nachdem, auf welcher Seite der Panhardstab an der Achse angeschlagen ist. Üblicherweise stellt das kein Problem dar, solange die Achsen in Normalstellung mittig unter dem Auto sitzen.

Montiert man jedoch ein höheres Fahrwerk und verändert am Panhardstab nichts, wandert die Achse automatisch ein Stück zur Seite. Bleibt man in einem moderaten Rahmen mit der Fahrwerkserhöhung, kann man diesen Aspekt vernachlässigen. Die Achsen wandern – sofern man auch die Längslenker nicht verändert – nur minimal nach hinten und zur Seite. Ab einer gewissen Höhe müssen jedoch auch diese beiden Komponenten angepasst werden. Für den Panhardstab bieten sich folgende Lösungen an:

- Längerer Panhardstab – er müsste dann entsprechend der Fahrwerkserhöhung gewählt werden. Ein passendes Modell zu bekommen, kann sich jedoch mitunter schwierig gestalten.
- Einstellbarer Panhardstab – bei dieser Variante ist die Länge des Panhardstabs (in der Regel über ein Gewinde) einstellbar. Er ist fahrzeugspezifisch von verschiedenen Herstellern zu bekommen und erlaubt – je nach maximaler Länge – auch weitere Fahrwerkserhöhungen mit noch längeren Federn und Dämpfern.
- Relocation-Sets – dabei wird der Anschlag des Panhardstabs mit speziellen Halterungen versetzt. Sie werden zwischen dem ursprünglichen Anschlag und dem Stab montiert. Auch diese Sets sind fahrzeugspezifisch von verschiedenen Herstellern erhältlich.

Wie eingangs erwähnt, ist der Panhardstab eine einfache und kostengünstige Lösung, um die Achse unter dem Fahrzeug mittig zu halten. Daher ist der Panhardstab auch die gängige Lösung bei Herstellern, die Fahrzeuge mit Starrachse und Schraubenfedern ausstatten.

Der Panhardstab ist auf der einen Seite am Fahrzeug angeschlagen (rechts), auf der anderen Seite an der Achse. Da sich der Stab um den Anschlag am Fahrzeug dreht (gelb-rot) entsteht auf der anderen Seite am Achsanschlag eine leicht schräge Auf- und Abwärtsbewegung. Daher wandern auch Federn und Dämpfer leicht schräg (grün-rot) und die Achse bewegt sich nach links und rechts (rot).

Wattgestänge

Eine andere, allerdings weitaus aufwändigere Möglichkeit die Achse mittig unter dem Wagen zu halten, ist das Wattgestänge. Das Wattgestänge oder der Watt-Mechanismus wurde vom schottischen Erfinder James Watt entwickelt. Der ursprüngliche Zweck der Erfindung diente dazu, den Zylinder der von Watt konstruierten Dampfmaschine nacheinander von beiden Seiten mit Dampf anzuströmen, um so neben der aktiven Abwärtsbewegung des Zylinders auch eine aktive Aufwärtsbewegung erzeugen zu können. Über das Wattgestänge wird die Bewegung eines Punktes auf einem Kreisbahnabschnitt in eine angenähert geradlinige Bewegung umgewandelt. Das Gestänge, das Watt selbst für seine größte Erfindung hielt, fand schnell Anwendungen über die Verwendung in der Dampfmaschine hinaus. So wird es unter anderem an Autos mit Starrachse zur Radführung verwendet, um eine Längs- oder Seitwärtsbewegung der Achse zu verhindern. Die Vertikalbewegung der Achse folgt mit dem Wattgestänge sehr viel besser einer geraden Linie als zum Beispiel bei Verwendung eines Panhardstabs. Der Vorteil: Die Achse bleibt in jeder Höhe und auch bei Verschränkung mittig unter dem Fahrzeug, was sie beim Panhardstab nicht tut. Diese aufwändigere Konstruktion zeigt gerade im Gelände eindeutig ihre Wirkung.
Der höhere Aufwand und die damit verbundenen Kosten sind jedoch wohl der Grund, warum die Fahrzeughersteller grundsätzlich den Panhardstab verwenden.
Das auf dem Bild gezeigte Wattgestänge stammt von einem aufwändig umgebauten Lada Niva und wurde von einem auf den Niva spezialisierten Umbaubetrieb entworfen und gebaut.

Beim Wattgestänge werden zwei Führungsstäbe oben am Fahrzeug angeschlagen. Unten sind sie an einer drehbar gelagerten Führung befestigt. Wandert die Achse nun nach oben oder unten (grün-rot) bewegen sich die Führungsstäbe nach links und rechts (gelb-blau). Dabei dreht sich die Führung um ihren Mittelpunkt (rot). Die Achse bleibt dadurch immer nahezu mittig unter dem Fahrzeug.

Die Verschränkung nimmt mit ausgehängten Stabis enorm zu, das Fahrwerk wird aber auch schwammiger. Geht es zurück auf die Straße, sollten man sie daher vorab wieder einhängen.

Stabilisatoren (Querlenker 2)

Neben Längslenkern und dem Panhardstab als Querlenker werden in Fahrzeugen mit Schraubenfedern auch noch sogenannte Stabilisatoren verwendet. Sie fungieren ebenfalls als Querlenker und stabilisieren vor allem die gegenseitigen Auf- und Ab-Bewegung. Sie begrenzen dadurch also die Möglichkeit, wie stark die Achsen sich verschränken können. Denn die Stabilisatorstange ist ebenfalls eine Feder, die tordiert – sich also verdreht –, wenn die eine Seite der Achse nach oben, die andere nach unten wandert. An ihren Enden ist die Stabilisatorstange über Koppelstangen mit der Achse oder dem Dreieckslenker (→ Einzelradaufhängung) verbunden.

Auf der Straße sorgen die Stabilisatoren für ein besseres Fahrverhalten. Will man aber ins (heftigere) Gelände, dann schränken sie die Geländefähigkeit ein. Aber zum Glück gibt es dafür eine Lösung: entkoppelbare Koppelstangen. Die amerikanische Firma JKS bietet zum Beispiel die »Quicker Disconnets« an, die statt der serienmäßigen Koppelstangen montiert werden. Sie sind in verschiedenen Längen und als verstellbare Version erhältlich, passen

Die Stabilisatorstange läuft vom linken zum rechten Rad (roter Pfeil). Aushängbare Koppelstangen, in der Szene auch Stabis genannt (gelber Pfeil), sind als Zubehör zu bekommen. Sie können unten ausgehängt (oranger Pfeil) und zur Sicherung an einem separaten Bolzen (grüner Pfeil) eingehängt werden.

Bei verschiedenen Modellen des Jeep Wrangler lässt sich die Stabilisatorstange per Knopfdruck entkoppeln. Dann wird jedoch nicht an den Koppelstangen getrennt, sondern die Stabilisatorstange mittig getrennt, damit sich beide Seiten frei bewegen können.

also auch gleich zu einem höheren Fahrwerk. Sie werden am Fahrzeugrahmen fest verschraubt und an der Achse mit einem Splint auf einem Bolzen fixiert. Zieht man den Splint, lassen sie sich abziehen und an einem zweiten Splint am Rahmen befestigen. Nun kann die Achse besser verschränken. Um sie zu entkoppeln und nach dem Geländeausflug wieder auf die Haltebolzen aufzustecken, sollte das Fahrzeug jedoch absolut gerade stehen. Ein Gummihammer hilft mitunter dabei. Manche Hersteller bauen auch ab Werk schon entkoppelbare Stabilisatoren ein. Beim Jeep Wrangler Rubicon funktioniert das dann auf Knopfdruck vom Fahrersitz aus. Dabei wird jedoch die von einem zum anderen Ende der Achse verlaufende Stabilisatorstange mittig getrennt. Die Koppelstangen bleiben, wo sie sind.

Lenkungsdämpfer

Betrachtet man die Historie von Starrachs-Fahrzeugen, stellt man fest, dass seit den frühen 1970er-Jahren serienmäßig Lenkungsdämpfer montiert sind. Bei durch die Spurstange starr verbundenem linken und rechten Vorderrad ist dies auch sinnvoll. Denn bei Unebenheiten der Fahrbahn oder auch im Gelände werden die Bewegung eines der Räder ungedämpft auf das Rad der anderen Seite übertragen – und wieder zurückgegeben.

Der Lenkungsdämpfer wird mit der einen Seite am Lenkgestänge angeschlagen. Die andere Seite kann am Fahrzeugrahmen oder – wie hier – an der Achse befestigt sein.

Vor allem wenn man dem Jimny FJ ein höheres Fahrwerk und größere Räder gönnt, sollte man auch einen Lenkungsdämpfer (oben) nachrüsten.

TIPP: Eine Ausnahme bildet der Suzuki Jimny FJ. Bei ihm ist ab Werk kein Lenkungsdämpfer vorgesehen. Der Zubehörhandel schafft jedoch auch hier Abhilfe. Einen Nachrüstlenkungsdämpfer hat zum Beispiel OME (Old Man Emu) im Programm. Er ist mitsamt Montagematerial bei Taubenreuther in Kulmbach erhältlich.

Das kann sich so weit aufschaukeln, bis das Lenkrad flattert oder sich das ganze Fahrzeug schüttelt. Dies zu minimieren ist Aufgabe des Lenkungsdämpfers. Unter dem Kapitel → Death Wobble & Lenkerflattern habe ich über verschiedene derartige Probleme, die beim Fahren auftreten können, geschrieben. Der Lenkungsdämpfer wird am Lenkgestänge und am Fahrzeugrahmen oder am Achskörper befestigt. Dieser Dämpfer sollte weder ziehen noch drücken, sondern nur die Bewegung der Lenkstange »beruhigen«. Drückt oder zieht der Dämpfer, merkt man das am Lenkrad – und man muss permanent gegenlenken.

Bodylift

Bei Fahrzeugen mit (→ Leiterrahmen) ist die Karosserie an mehreren Punkten auf den Fahrzeugrahmen aufgeschraubt. Zwischen Rahmen und Karosse befinden sich flache Abstandhalter. Sie lassen sich, zusammen mit längeren Schraubbolzen, gegen längere Abstandhalter tauschen. Die Karosserie wandert nach oben. Man spricht dann von einem Bodylift.
Mehr Luft unter dem Fahrzeugbauch bringt das nicht, es wandert ja nur der Body nach oben. Rahmen, Achsen, Motor, Getriebe und Co. bleiben, wo sie sind. Doch warum macht man das dann? Montiert man größere Räder und vielleicht ein höheres Fahrwerk, kann es sein, dass es im Radhaus eng wird. Die Räder können beim Einfedern und eventuell auch bei Einlenken am Blech streifen. Ein weiterer Grund: Es sieht einfach cooler aus.

Allerdings ist es mit dem einfachen Hochsetzen der Karosserie meist nicht getan. Eventuell müssen auch der Kühler versetzt oder die Bremsleitungen verlängert werden. Auch die Schalthebel können ein Problem sein. Gerade der Hebel zum Einlegen des Allradantriebs lässt sich oft nicht mehr sauber betätigen, weil der Schlitz in der Konsole durch das Nach-oben-Wandern nicht mehr genügend Weg bietet.

Bei Fahrzeugen mit Leiterrahmen kann die Karosserie mit längeren Abstandshaltern und Schraubbolzen höher gesetzt werden.

Zwischen Feder und Federteller sorgen sogenannte Trimpacker für etwas mehr Höhe. Sie sind einstellbar aus Metall und nicht einstellbar aus Metall oder Kunststoff erhältlich.

Trimpacker & Federschäkel

Eine weitere Möglichkeit das Fahrzeug anzuheben, sind Trimpacker und Federschäkel. Trimpacker – oder Feder-Distanzringe – kommen bei Schraubenfedern zum Einsatz. Bei ihnen handelt es sich um einen Ring, der oben zwischen Feder und Federteller eingesetzt wird. Trimpacker sind aus Kunststoffmaterial und aus Aluminium erhältlich. Manche Modelle aus Alu verfügen über ein Schraubgewinde und sind einstellbar.

Federschäkel werden an einem oder beiden Enden der Blattfeder montiert. Beide sorgen dafür, dass das Fahrzeug mitsamt Rahmen nach oben wandert. Mehr Federweg entsteht dadurch aber nicht. Die Maßnahme dient zum einen vor allem der Optik, zum anderen schafft sie im Radhaus aber auch etwas mehr Platz für die Räder. Will man das Fahrzeug höherlegen, aber nicht viel Geld dafür ausgeben, sind Trimpacker oder Federschäkel eine günstige Möglichkeit. Doch Vorsicht: Sie müssen in die Papiere eingetragen werden. Ohne Gutachten, das die meisten der angebotenen Modelle nicht haben, wird es schwierig.

Als sinnvoll betrachte ich persönlich nur die Verwendung im Zusammenhang mit einem höheren Fahrwerk. So kann man noch ein paar Millimeter mehr herausholen und gewinnt ein wenig mehr Platz für die größeren Räder. ■

Je nach Fahrzeug wird die Blattfeder an einem oder an beiden Enden von Federschäkeln gehalten. Setzt man längere Schäkel ein, wächst das Fahrzeug in die Höhe.

www.KS-TUNING.de
116
116

REIFEN & FELGEN

Reifen & Felgen

Während Formel-1-Boliden bei gutem Wetter mit profillosen Slicks so richtig viel Grip auf dem asphaltiertem Rundkurs haben, gilt im Gelände: Je gröber das Profil, umso besser geht es durch Matsch und Schlamm. Denn mit schicken Niederquerschnitts-Asphalt-Reifen auf filigranen Alufelgen kommt man hier nicht weit. Der Gummi darf abseits der Straßen gern dicker und vor allem grobstolliger sein. Doch welches Profil ist sinnvoll? Lassen wir das klassische Ackerschlepper-Profil und Militärreifen außen vor, kommen vor allem zwei Reifentypen infrage: der All-Terrain- (AT) und der Mud-Terrain-Reifen (MT). Das All-Terrain-Profil ist meist zu je 50 Prozent für das Fahren im Gelände und auf der Straße ausgelegt. Bei Mud-Terrain-Reifen lautet die Formel dagegen in der Regel 80:20, also 80 Prozent Gelände, 20 Prozent Straße. Das Profil ist gröber, die Straßeneigenschaften daher gerade bei schlechtem Wetter eher mies. Dafür kommt man im tiefen Schlamm mit MTs noch ein ganzes Stück weiter als mit ATs.

Daher gilt es abzuwägen, auf welchen Strecken man hauptsächlich unterwegs ist. Mit einem Allrad-Reisefahrzeug zum Beispiel wird man sicher auch viel auf Straßen unterwegs sein und die wirklich schwierigen Passagen im Gelände wohl eher meiden. In diesem Fall reicht für die meisten Ziele das AT-Profil aus. Plant man jedoch eine Reise, bei der man überwiegend im Gelände unterwegs sein wird, oder will man ins heftigere Gelände oder gar an Offroad-Wettbewerben teilnehmen, ist man mit einem MT-Profil oder mit einem noch grobstolligeren Reifen besser beraten. Hilfreich für das Weiterkommen im Gelände ist in beiden Fällen außerdem das Luft-Ablassen (→ Tire-Deflator).

Je größer der Reifen ausfällt, umso größer ist die Aufstandsfläche. Außerdem wird der Abstand zwischen Differential und Boden größer.

Aber auch die Reifengröße spielt eine Rolle. Grundsätzlich gilt natürlich: je größer, desto besser. Denn je größer der Reifen, umso höher ist die Aufstandsfläche und umso mehr Luft gibt es unter dem → Differential. Doch auch das hat seine Grenzen. Größere Räder bedeuten gleichzeitig, dass die Differentiale weniger Kraft haben, um sie zu drehen. Ist der Größenunterschied zu den Originalreifen gering, lässt sich das verschmerzen. Ab einer gewissen Größe müssen jedoch die Differentiale an die Reifengröße angepasst werden, da man sonst mit dem Wagen kaum noch die Berge hochkommt. Und auch die Tachoanzeige stimmt nicht mehr und muss angepasst werden. Zwar mag man sich beim Fahren der Tatsache bewusst sein, dass die Anzeige nicht mehr stimmt, aber zum einen hat der TÜV etwas dagegen und zum anderen stimmt auch die Anzeige der gefahrenen Kilometer nicht mehr. Und das macht die Tourplanung schwierig, denn es ist ziemlich unpraktisch, wenn man sich auf der Suche nach der nächsten Tankstelle aufgrund einer falschen Anzeige verschätzt.

Straßenreifen

Reifen mit Straßenprofil sind als Sommer-, als Winter- und als sogenannte Allwetter- oder Ganzjahresreifen zu bekommen. Sie alle sind zu 100 Prozent für das Fahren auf der Straße ausgelegt. Im Gelände lassen sie sich bei Trockenheit auf vielen Pisten zwar einigermaßen problemlos fahren, sobald es aber regnet oder die Tracks schlammig werden, kommt man mit ihnen nicht weit. Das etwas gröbere Winterprofil schneidet da zwar etwas besser ab, kommt aber auch schnell an seine Grenzen.

Allerdings können sie im Winter eine gute Wahl sein, vor allem wenn der montierte Geländereifen nicht über das → Schneeflocken-Symbol verfügt. Dann sollte man aber ohnehin einen passenden Reifen aufziehen.

Mit Straßenreifen kommt man im Gelände nur richtig weit, wenn es trocken ist. Bei Nässe fehlt ihnen der Grip.

AT-Reifen

Reifen mit All-Terrain-Profil sind zu 50 Prozent für das Fahren auf der Straße und zu 50 Prozent für das Fahren im Gelände ausgelegt. Damit sind sie, genau wie die Allwetterreifen, ein Mischreifen. Und genau das ist ein wenig die Krux bei AT-Reifen. Denn so ein Mischreifen ist eben auch eine Mischlösung. Er ist kein echter Straßenreifen aber eben auch kein echter Geländereifen. Das heißt übertrieben: Er kann von allem etwas, aber nichts wirklich in Perfektion. Allerdings hat sich im Laufe der Jahre bei den Reifenherstellern viel getan. Fuhr sich zum Beispiel die erste Version des BF-Goodrich-AT auf der Straße und vor allem im Winter nicht wirklich herausragend, ist der aktuelle BFG-AT in allen Situationen ein ziemlich guter Reifen, zumal der Hersteller ihm auch noch einen dicken Flankenschutz fürs Gelände spendiert hat.

Ein Mischreifen wie der AT-Reifen kann für die meisten Geländewagenfahrer völlig ausreichend sein, vor allem, wenn man oft auch viele Straßenkilometer absolviert. Da das Verhalten auf nasser Straße und beim Bremsen grundsätzlich schlechter wird, je grobstolliger das Profil ist, ist bei AT-Reifen gerade auf nasser Straße eine gewisse Vorsicht geboten. Der Bremsweg ist länger, und in den Kurven kann das Fahrzeug schneller seitlich ausbrechen und wegrutschen.
Die Einschränkungen, die für die Straße gelten, gelten bei einem 50:50-Reifen aber eben auch für das Fahren im Gelände. Auch hier macht der AT prinzipiell einen guten Job, steht aber hinter MT- oder reinen Geländereifen natürlich zurück. In der Praxis heißt das vor allem: Je nasser und schlammiger der Untergrund, umso schlechter die Performance von AT-Reifen. Wobei man damit aber natürlich schon um einiges weiter kommt als mit einem Straßenreifen.

Der All-Terrain-Reifen ist zu je 50 Prozent für das Fahren auf der Straße und im Gelände ausgelegt.

MT-Reifen

Wer häufiger ins heftigere Gelände will, der sollte über einen MT-Reifen nachdenken. Die MT-Reifen sind in der Regel zu 80 Prozent für das Fahren im Gelände ausgelegt und zu 20 Prozent für die Straße. Manche Hersteller geben für ihre MTs aber auch Werte von 70:30 oder 90:10 an. Wobei letztere schon eher als reine Geländereifen zu betrachten sind. Der Begriff MT passt bei ihnen nur noch bedingt.

MT-Reifen verfügen über ein nochmal gröberes Stollenprofil als die AT-Reifen. Auch hier sind in der Regel die Flanken verstärkt, um sie zu schützen und auch seitlich Grip zu bieten. Besonders auf felsigem Untergrund oder im tiefen Schlamm steht somit zusätzliches Profil zur Verfügung. Beim Fahren auf der Straße muss man sich dagegen bewusst sein, dass der Reifen eben nur sehr eingeschränkt dafür konzipiert ist. Bremswege werden nochmal länger und auch das Kurvenverhalten wird in der Regel noch mal schlechter als beim AT. Zu dichtes Auffahren zum Beispiel sollte man also vermeiden – gerade bei nasser Straße. Auch beim Heranfahren an Ampeln sollte man im Blick haben, dass man etwas länger braucht, bis der Wagen steht. Ist es nass, wird es rot und man ist schon zu nah an die Ampel herangefahren, kann es eng werden – auch wenn man »nur« die erlaubte Geschwindigkeit fährt.

Mud-Terrain-Reifen verfügen über eine gröberes Profil. Die meisten haben ein Verhältnis 80:20 (Gelände:Straße).

Reine Geländereifen werden meist in Wettbewerben eingesetzt. Beim Fahren auf der Straße muss man, besonders bei nasser Straße, längere Bremswege und schlechteres Kurvenverhalten einkalkulieren.

Reine Geländereifen

Reine Geländereifen kommen meist bei Wettbewerbsfahrzeugen zum Einsatz. Sie sind zwar ab und zu auch auf der Straße zu sehen, aber die Fahrer wissen dann (hoffentlich) meist, was sie tun. Neben den Reifen mit Klassifizierungen 90:10, 95:5 oder gar 100 Prozent findet man auch das sogenannte Ackerschlepper- und das Nato-Profil. Beide sind ebenfalls komplett für das Fahren im Gelände ausgelegt. Die Ackerschlepper-Reifen für Traktoren und das Durchkommen im weichen Ackerboden, das Nato-Profil für den Einsatz auf Militärfahrzeugen. Dort gehören sie zur Materialgruppe 26 bei den Nato Stock Numbers. Die steht bei den 13-stelligen Nummern an den ersten beiden Stellen, gefolgt von zwei Ziffern für die Klassifizierung. Der Ländercode besteht ebenfalls aus zwei Ziffern, wobei die Nummer 12 für Deutschland steht. Die restlichen sieben Ziffern geben die laufende Nummer des jeweiligen Artikels an. Dass dieses System sinnvoll ist, wird klar, wenn man sich vor Augen führt, dass es derzeit rund 17 Millionen Nato-Stock-Nummern gibt. Militärreifen sind vor allem als gebrauchte oder zwar neue aber schon ältere Reifen zu bekommen. Daher sollte man beim Kauf darauf achten, dass man wenigstens vier Reifen aus demselben Herstellungsjahr, also mit gleicher → DOT-Nummer bekommt.

Reifensymbole

Auf den Reifenflanken sind unterschiedliche Symbole und Kennungen zu finden. Die wichtigsten davon sind:

- **Reifengröße:** Sie wird in der Regel in Zoll oder metrisch angegeben.
- **Metrische Angaben** beinhalten die Breite der Lauffläche in Millimetern, das prozentuale Verhältnis von der Flankenhöhe zur Reifenbreite sowie den Felgendurchmesser in Zoll. Der Buchstabe zwischen der Reifen- und der Felgengröße gibt an, um welchen Reifentyp es sich handelt. Fast ausschließlich steht hier ein »R« für Radialreifen. Dieses System macht es leider etwas kompliziert, den Durchmesser eines Reifes zu bestimmen. Hierzu muss man zweimal die Höhe der Flanke zum Durchmesser der Felge addieren. Also zum Beispiel 75 Prozent von 205 Millimetern mal zwei plus 15 Zoll (38,1 Zentimeter) für eine 15-Zoll-Felge. Das ergibt dann einen Durchmesser von knapp 69 Zentimetern. Das bedeutet, dass ein Reifen mit den Maßen 225/70 R 16 zum Beispiel gute drei Zentimeter mehr Durchmesser hat, obwohl für das Maß der Flanke nur eine 70 angegeben ist. Aber 70 Prozent von 225 Millimetern sind eben mehr als 75 Prozent von 205 Millimetern, und die 16-Zoll-Felge hat auch einen größeren Durchmesser.
- **Das Zollsystem** macht es einem da etwas einfacher. Hier muss man lediglich Zoll in Zentimeter umrechnen. Die Angabe auf dem Reifen lautet zum Beispiel 33x12,5 R15. Die 33 gibt den Gesamtdurchmesser des Reifens in Zoll an, die 12,5 die Reifenbreite, die 15 wieder die Felgengröße. Umgerechnet in Zentimeter ist dieser Reifen also knapp 32 Zentimeter breit und hat einen Durchmesser von knapp 84 Zentimetern. Die Felge hat einen Durchmesser von 15 Zoll, also 38,1 Zentimetern.
- **Geschwindigkeitsindex**: Er gibt an, wie schnell mit dem Reifen gefahren werden darf. Der Index wird in Buchstaben angegeben.
  - o **P bis 150 km/h**
  - o **Q bis 160 km/h**
  - o **R bis 170 km/h**
  - o **S bis 180 km/h**
  - o **T bis190 km/h**
  - o **H bis 210 km/h**
  - o **V bis 240 km/h**
  - o **VR über 210 km/h**
  - o **W bis 270 km/h**
  - o **Y bis 300 km/h**
  - o **ZR über 240 km/h**
- **Lastindex oder Tragfähigkeitskennziffer:** Sie gibt an welches Gewicht der Reifen tragen darf. Diese Zuordnung bezieht sich auf einen Wert von 2,5 bar Druck im Reifen. Wird der Druck niedriger, sinkt damit die Tragfähigkeit. Die zugeordneten Ziffernkombinationen reichen von 20 für eine Tragfähigkeit von 80 Kilo bis zu 204 für einen Tragfähigkeit von 16000 Kilo. Die kompletten Index-Tabellen sind im Internet unter den Suchbegriffen »Lastindex Reifen Tabelle« zu finden. Ein Reifen mit der Angabe 33x12,5 R15 108Q dürfte beispielsweise 1000 Kilo tragen aber nur bis zu einer Geschwindigkeit von 160 km/h gefahren werden.
- **Herstellungsdatum oder DOT-Nummer:** Sie gibt an, wann der Reifen produziert wurde. Die vollständige DOT-Nummer besteht aus drei Blöcken zu jeweils vier Zeichen. Das Herstellungsdatum ist dabei mit vier Ziffern im dritten Block angegeben. Dabei stehen die ersten beiden Ziffern für die Produktionswoche, die anderen beiden für das Herstellungsjahr. Ein Reifen mit der DOT-Angabe 2022 wäre also in der 20. Kalenderwoche im Jahr 2022 produziert worden und nicht einfach irgendwann im Jahr 2022.

- **Pfeil für Laufrichtung:** Manche Reifen sind laufrichtungsgebunden. In diesem Fall gibt ein Pfeil die Richtung an. Der Reifen sollte also nicht entgegen der Laufrichtung montiert werden. Auch einen Tausch von vorne rechts nach hinten links und umgekehrt sollte man daher unterlassen. Wenn von vorne nach hinten getauscht werden soll, dann in diesem Fall immer nur auf einer Seite.
- **Winter- und Ganzjahres- oder Allwetterreifen:** Bis zum 31. Dezember 2017 galt die M+S-Kennung als Kennung für Winter- und Ganzjahresreifen. Alle Reifen, die seit dem 1. Januar 2018 produziert wurden, müssen zusätzlich über das sogenannte Alpine-Zeichen, bekannter als Schneeflocken-Symbol, verfügen. Das Piktogramm stellt einen dreizackigen Berg mit einer Schneeflocke darin dar. Bis zum 30. September 2024 gilt eine Übergangsfrist für bereits hergestellte Reifen mit M+S-Kennung. Winterreifen, die im Jahr 2017 und zuvor produziert wurden, dürfen nur noch bis zu diesem Datum gefahren werden.
- **E-Prüfzeichen:** Für den Straßenverkehr zugelassene Reifen müssen – wie viele andere Bauteile am Fahrzeug auch – über eine E-Kennung verfügen. Das gilt seit 2006 auch für runderneuerte Reifen.
- **Reifenbauart:** Reifen der heute gängigen Bauart sind Radialreifen. Sie sind mit einem »R« oder dem ausgeschriebenen Wort »Radial« gekennzeichnet. Folgt dem »R« ein »F« handelt es sich um Runflat-Reifen. Ein »D« auf dem Reifen kennzeichnet einen Diagonalreifen. Sie sind jedoch nur noch für Oldtimer zugelassen.
- Tubeless oder schlauchlos: Pkw-Reifen werden üblicherweise ohne Schlauch gefahren. Das gilt auch für Geländereifen. Das Einziehen eines Schlauchs ist – mit Ausnahmen – grundsätzlich nicht zulässig. Als Notbehelf bei einer Reifenpanne kann es aber sinnvoll sein, sofern man einen passenden Schlauch bekommt und bei der Panne auch zur Hand hat. Für Weltreisende kann das dauerhafte Einziehen eines Schlauchs jedoch eine Option sein, eventuellem Luftverlust bei Schäden vorzubeugen.
- **Verschleißanzeiger:** In der Lauffläche und an den Reifenflanken sind bei den meisten Geländereifen Verschleißanzeiger in Form von kleinen Blöcken oder Dreiecken angebracht. Ist das Profil bis zu diesem Anzeiger abgefahren, sollte der Reifen ausgewechselt werden. Diese Verschleißanzeige ist – zumindest auf den Seiten – auch auf Pkw-Reifen zu finden. Auch dort in der Regel in Form eine Dreiecks.
- **Geländefähigkeit:** Bei Geländereifen mit der Klassifizierung → AT-Reifen und → MT-Reifen ist das in der Regel mit den Buchstaben »AT« oder »MT« auf der Reifenflanke vermerkt. Für reine Geländereifen existiert keine solche allgemein anerkannte Bezeichnung. Bei ihnen findet sich daher keine derartige Bezeichnung auf der Flanke. Generell sollte man beim Reifenkauf aber ohnehin darauf achten für welche prozentualen Anteile Straße und Gelände der Reifen konzipiert ist. Die Hersteller geben die Werte in der Regel an. Mögliche Kombinationen sind dabei 50:50, für je 50 Prozent Straße und Gelände, 70:30, 80:20 oder 90:10. Der höhere Wert gilt dabei immer für den Anteil an Geländeeigenschaften.

Nur mit diesem Symbol gekennzeichnete Reifen sind als Winterreifen zugelassen.

Geschwindigkeitsindex – hier bis 170 km/h
Geländefähigkeit – hier AT-Reifen
Reifengröße – hier metrisch
Lastindex – hier 1250 kg
Herstellungsdatum – hier KW 7 2011
Reifentyp – hier Radialreifen
Reifenart – hier schlauchlos
Angabe Jahreszeiteignung – hier Ganzjahres- und Winterreifen
Verschleißanzeige
E-Prüfzeichen

Alufelgen

Nicht nur Straßen-Pkw, sondern auch viele Geländefahrzeuge werden standardmäßig mit Felgen aus Aluminium ausgeliefert. Außerdem bietet der Zubehörmarkt eine schier unüberschaubare Zahl an Alufelgen zum Nachrüsten. Der Vorteil von Alufelgen liegt – neben dem oft schickeren Aussehens – ganz klar bei ihrem Gewicht. Sie sind leichter als Stahlfelgen, und in Kombination mit einem schweren Geländereifen lässt sich da einiges einsparen. Dennoch haben sie beim Geländefahren auch einen Nachteil: Gehen sie kaputt, lassen sie sich nicht ausbeulen oder reparieren. Ist man also häufig in heftigem Gelände unterwegs, können Stahlfelgen die bessere Wahl sein.

Alufelgen haben den Vorteil, dass sie leichter sind als Stahlfelgen.

Stahlfelgen

Offroad-Puristen schwören daher bei Geländewagen auf Stahlfelgen. Sie sind zwar schwerer als die Kollegen aus Aluminium, dafür lassen sie sich aber bei leichteren Beschädigungen mit dem Hammer notdürftig wieder in Form bringen. Werden sie beim Fahren im Gelände heftig beschädigt, lässt sich auch mit dem Schweißgerät einiges richten – sofern man eins zur Hand hat. Vorab sollte man die Stahlfelgen mit dem Hammer natürlich beherzt in Form dengeln.
Dass man die Felgen – ob Alu oder Stahl – jedoch derart massiv beschädigt, kommt in der Praxis eher selten vor.

Stahlfelgen lassen sich dagegen auch mal ausbeulen.

Beadlock-Felgen

Auf normalen Stahl-oder Alufelgen kann sich der Reifen auf der Felge drehen oder gar von der Felge springen. Das kann vor allem passieren, wenn man Luft ablässt (→ Tire Deflator). Um das zu verhindern, kann man sogenannte Beadlock-Felgen montieren. Bei ihnen wird der Reifen an der Radaußenseite zwischen Felgenhorn und einem Ring eingeklemmt. Der Reifen sitzt dabei auf dieser Seite außen auf der Felge, der Ring wird mit Schrauben fest verschraubt. Die dazugehörigen Gewinde befinden sich in der Felge selbst. An der Radinnenseite sitzt der Reifen in der Regel – genau wie bei normalen Felgen – innerhalb des Felgenhorns. Ein Ring zur Befestigung reicht aus. Mit Beadlock-Felgen kann der Luftdruck im Reifen gen Null gefahren werden. Da sie fest verklemmt sind, können sie sich weder auf der Felge drehen noch abspringen. Der Vorteil ist die nochmals höhere Aufstandsfläche und das ebenfalls bessere Walkverhalten. Im Profil sitzender Schlamm wird so nochmal besser herausgedrückt.

Bei Beadlock-Felgen wird der Reifen auf die Felge geklemmt.

Felgenmaße

Damit man weiß, ob eine Felge auf ein Fahrzeug passt und obendrein klar ist, welcher Reifen sich aufziehen lässt, gibt es auch bei den Felgen ein paar Angaben, die man kennen sollte. Eine typische Kennung wäre zum Beispiel 5,5J x 15 ET0 LK 5 x 139,7. Damit werden folgende Werte angegeben.

- Felgenbreite und -form: Sie wird in Zoll angegeben. »5,5« steht also für eine Felgenbreite von 13,97 Zentimetern. Das dem 5,5 nachgestellte »J« steht für den Kennbuchstaben des Felgenhorns. »J« (das Felgenhorn hat die Form eines J) ist dabei die gängigste Form bei Pkw.
- Felgendurchmesser: Auch er wird in Zoll angegeben, im Beispiel sind es 15 Zoll. Die Größen reichen für Pkw jeweils in ganzen Schritten von 13 Zoll bis hin zu 23 Zoll. Gängige Größen bei Geländewagen sind 15, 16, 17 und 18 Zoll. Neuere Fahrzeuge werden aber auch mit 19, 20 oder 22 Zoll gefahren – je nachdem was man in der Zubehörliste ankreuzt oder umrüstet. Bei der Auswahl der Felgen sollte man jedoch berücksichtigen, dass es nicht für jede Felgengröße auch eine passende Auswahl an Geländereifen gibt.
- Einpresstiefe: Sie gibt an, an welcher Stelle zwischen den Felgenhörnern die Aufnahme für die Radbolzen sitzt. »ET0« bedeutet, dass sie genau mittig ist. Der Wert »ET-40« würde bedeuten, dass sie 40 Millimeter weiter innen sitzt, das Rad also weiter nach außen wandert. »ET40« dagegen, dass die Aufnahme weiter außen ist, das Rad also nach innen wandert. Mit der entsprechenden Felge lässt sich also festlegen, ob das Fahrzeug mit mehr oder weniger Spurbreite unterwegs ist.
- Lochkreis: Dieses Maß gibt an, wie viele Bolzenlöcher in welchem Radius und mit welchen Abstand zueinander für das jeweilige Fahrzeug benötigt werden. Dies ist von Hersteller zu Hersteller unterschiedlich. Der Lochkreis »LK 5x139,7« findet jedoch bei vielen Herstellern von Geländewagen Verwendung. So zum Beispiel beim Jeep CJ, beim Daihatsu Feroza und Rocky, beim Lada Niva, beim RAM 1500, beim GAZ Sobol, beim Ford F-150 aber auch bei den verschiedenen Suzuki-Geländewagen.

Spurplatten

Will man seinem Geländewagen eine breitere Spur verpassen, lässt sich das zum einen mit anderen Felgen (→ Einpresstiefe) bewerkstelligen, es lassen sich aber zwischen Felge und Fahrzeug auch Spurplatten montieren. Sie können aus Aluminium oder aus Stahl bestehen und sind in der Regel in Breiten zwischen 15 und 30 Millimetern zu bekommen. Sie dürfen nur paarweise montiert werden und müssen über eine Zulassung verfügen. Bei der Montage ist darauf zu achten, dass die Räder anschließend nicht aus den Radhäusern herausstehen. In diesem Fall müssten noch passende Kotflügelverbreiterungen montiert werden. ■

Noko: Bild von Hofmann-Spurplatten

Spurplatten sind aus Aluminium oder Stahl erhältlich.

UNTERFAHR- & SEITEN- SCHWELLER-SCHUTZ

ORC
OFF ROAD
CENTER

Unterfahrschutz oder Skid-Plates

Die meisten Geländewagen sind ab Werk gerade dort am wenigsten geschützt, wo es am nötigsten und sinnvollsten ist: am Unterboden. Verursacht der Kontakt mit Steinen oder größeren Ästen hier Schäden, kostet das unter Umständen nicht nur viel Geld, sondern man hat dann oft auch noch ganz andere Probleme. Wenn der große Stein, der unvermittelt mitten in der Spur aufgetaucht ist, ein Loch in die Ölwanne gehauen oder das Verteilergetriebe beschädigt hat, wird es nämlich nicht nur teuer, man steckt mit dem Wagen meist auch noch irgendwo im Schlamm oder auf einer felsigen Piste am Berg fest und kommt unter Umständen erst einmal nicht mehr weg. Findet sich beim Wochenendausflug auf ein Fahrgelände noch jemand, der mit Trailer und Hilfe zur Seite steht, ist man auf der großen Tour und weitab von Zivilisation und Werkstatt erstmal ziemlich aufgeschmissen.

Einen Schutz vor solch unliebsamen Begegnungen zwischen Auto und Natur bieten als Unterfahrschutz oder Skid-Plate bezeichnete Metallplatten, die man unter das Fahrzeug schraubt. Als Material kommen Stahl, Edelstahl und Aluminium zum Einsatz. Diese Schutzplatten sind für die verschiedensten Bereiche des Unterbodens zu bekommen und schützen die empfindliche Fahrzeugtechnik wie einst die Rüstung den Ritter. Allerdings bringen die Platten auch den Nachteil einer Ritterrüstung mit: Sie sind schwer und erhöhen das Fahrzeuggewicht. Der vermeintliche Gewichtsvorteil, den moderne Werkstoffe wie Aluminium bieten, relativiert sich leider oft, da die Alu-Unterfahrtschutzplatten meist aus dickerem Material bestehen müssen, um ausreichend stabil zu sein.

Der Unterboden eines Geländewagens kann durch die Montage von Unterfahrschutzplatten vor vor dem Kontakt mit Steinen, Felsbrocken, dickeren Ästen oder Baumstümpfen geschützt werden.

Der Zubehörmarkt bietet Skid-Plates in vielen Varianten und aus unterschiedlichen Materialien an. Die Möglichkeiten den Unterboden des eigenen Fahrzeugs zu schützen, reichen von der Front bis zum Heck, von der Spurstange bis zum Tank. Befestigt werden sie fast alle an originalen Aufnahmepunkten, das passende Montagematerial ist in der Regel dabei. Zusätzliche Löcher müssen bei der Montage nicht gebohrt werden und auch das Schweißgerät kann kalt bleiben. Generell sind Unterfahrschutzplatten für folgende Bereiche zu bekommen:

- **Front und Lenkgestänge:** Das sogenannte Front-Skid setzt meist direkt unter dem Stoßfänger an und reicht von dort ein Stück weit unter den Fahrzeugboden nach hinten. Es sorgt dafür, dass vor dem Fahrzeug auftauchende Hindernisse nicht unter das Fahrzeug geraten und dort vor allem nicht die Lenkung beschädigen können.

- **Motor:** Direkt im Anschluss wird die Schutzplatte für den Motorblock angebracht. Sie schützt vor allem die Ölwanne. Je nach Bauart und Fahrzeugtyp kann sie auch einen Teil des Getriebes oder das komplette Getriebe mit abdecken.
- **Getriebe:** Sie schützt das Getriebe vor Beschädigungen. Wird es von der Motorschutzplatte für das entsprechende Fahrzeug nicht mit abgedeckt, wird der Schutz separat montiert.
- **Verteilergetriebe:** Das Verteilergetriebe liegt hinter dem Getriebe ungefähr in der Wagenmitte. Hier wird in der Regel ein separates Schutzblech montiert, das die Technik und die Anschlüsse schützt. Bei Fahrzeugen mit Leiterrahmen wird es meist mit einem Montageset direkt am Rahmen befestigt. Gebohrt oder geschweißt wird auch hier nicht.
- **Tank:** Bei vielen Geländefahrzeugen wird der Tank schon ab Werk geschützt. Dieser Schutz fällt, je nach Hersteller, aber mal mehr, mal weniger stabil und robust aus. Ihn auszutauschen macht also durchaus Sinn. Die meisten Nachrüst-Skids schützen neben der Unterseite auch die Seiten des Tanks.
- **Differentiale:** Sie sind der tiefste Punkt am Fahrzeug und entsprechend exponiert. Das Achs- und Differentialgehäuse ist zwar ausreichend stabil konstruiert, dennoch kann zum Beispiel ein Felsbrocken massiven Schaden anrichten, wenn man ihn falsch erwischt oder zu schnell dagegen fährt. Die Diff-Skids sind für das vordere und das hintere Differential erhältlich.

Abgesehen davon sind für manche Fahrzeuge weitere, spezielle Schutzplatten für Bereiche des Unterbodens zu bekommen. Damit werden Dinge wie die Benzinpumpe oder andere empfindliche Teile geschützt, die beim Fahren im Gelände keinen Schaden nehmen sollten.

Rockslider

Schützen die Unterfahrschutzplatten die Technik unter dem Fahrzeug, sind sogenannte Rockslider dafür zuständig, die empfindliche Schweller zu schützen. Bei manchen Fahrzeugen bestehen sie lediglich aus dem Blech der Karosserie, bei anderen, wie dem Jimny GJ, hat der Hersteller ab Werk zwar einen zusätzlichen Schutz montiert, der allerdings aus Kunststoff besteht und optisch mehr her macht als er nutzt. Ein massiverer Flankenschutz darf es also gern sein. Denn er schützt vor Beschädigungen der Karosserie bei Grundberührungen oder seitlichen Kontakten mit Felsen oder Bäumen. Gleichzeitig dienen manche Modelle durch ihre Form auch als Einstiegshilfe oder als Ansatzpunkt für einen Hi-Lift. Rockslider sind aus Stahl und aus Aluminium erhältlich. Modelle aus Alu eignen sich jedoch in der Regel nicht als Ansatzpunkt für den Hi-Lift. ■

Ein sogenannter Rockslider schützt die Schweller des Fahrzeugs gegen Beschädigungen.

BB OR 30
ORC Off Road Center GmbH

STOSS-
STANGEN

Stoßstangen

Stoßstangen für Fahrzeuge werden heute fast ausnahmslos aus Kunststoff gefertigt. Das gilt auch für Geländewagen. Der eine große Vorteil der Kunststoff-Stoßfänger ist ihr geringeres Gewicht. Das spart Kraftstoff. Der andere besteht darin, dass sie sich relativ problemlos und kostengünstig in nahezu jeder Form herstellen lassen. Ein ideales Material also für Fahrzeugdesigner auf der Suche nach dem ultimativen Marken-Auftritt und für Ingenieure auf der Jagd nach dem besten Cw-Wert gleichermaßen.

Für den Geländewagenfahrer hat der Kunststoff-Bumper jedoch zwei Nachteile: Er ist zum einen (mit Ausnahmen*) weniger stabil als eine Stoßstange aus Metall und zum anderen (ebenfalls mit Ausnahmen*) lässt sich keine Seilwinde daran montieren. Während es für letzteres Problem die Lösung des verdeckten Einbaus gibt, bleibt das Stabilitätsproblem der Stoßstange jedoch bestehen. Bei Kontakt mit Bäumen, Felsen oder anderen Dingen verformt sich der Kunststoff recht schnell oder bricht. Beides lässt sich kaum reparieren. Zum Glück schafft auch hier der Zubehörmarkt Abhilfe.

Beim alten Defender bestand die Stoßstange ab Werk noch aus Stahl.

** Zum Beispiel »Stealthbar« von Smartbar → Frontstoßstangen Seite 96.*

Bevor man eine neue Stoßstange aus dem Zubehörhandel montiert, sollte man klären, ob sie über ein Gutachten oder eine ABE verfügt und ob sie in die Fahrzeugpapiere eingetragen werden muss. Ist das nicht der Fall, oder ist man sich unsicher, sollte man vorab mit einem TÜV- oder Dekra-Prüfer klären, ob es bei der Montage zu Problemen kommen kann.

Von Prüfstelle zu Prüfstelle wird das manchmal durchaus unterschiedlich bewertet. Dinge, die der eine Prüfer durchaus bereit ist einzutragen, lehnt ein anderer Prüfer mitunter kategorisch ab. Montiert man, obwohl man sich durchaus der Tatsache bewusst ist, dass der Stoßfänger so nicht zulässig ist, stellen Fahrzeugkontrollen meist das kleinere Problem dar. Im günstigsten Fall muss man sie abmontieren und das Fahrzeug anschließend vorführen. Das weitaus größere und ernstzunehmendere Problem besteht bei einem Unfall. Wird ein Gutachter hinzugezogen, können die Konsequenzen von Teilschuld bis zur Weigerung der Versicherung Zahlungen zu leisten reichen.

Lässt man die Stoßstange samt Winde bei einem Fachhändler montieren, gibt es in der Regel keine Probleme mit der TÜV-Eintragung.

Frontstoßstangen

Die vordere Stoßstange soll Vorderwagen und Motorraum schützen. Besteht sie beim Geländewagen aus Kunststoff, gelingt das nur mäßig bis schlecht. Fällt der Rempler an irgendwelchen Hindernissen etwas heftiger aus, ist schnell auch ein Kotflügel verbogen oder der Kühler in Mitleidenschaft gezogen. Die Stoßstange selbst ist meist in jedem Fall beschädigt.

Alternativen sind Stoßstangen aus Stahl, die man statt der Original-Stoßstange montiert. Je nach Modell verfügen sie über Aufnahmen für serienmäßige Tagfahrlichter, Parksensoren und Abstandswarner. Hinzu kommen häufig noch Montagepunkte für Zusatzscheinwerfer oder Bergeösen. Außerdem sind sie meist auch mit Halterung für die → Seilwinde zu bekommen. Dann sollte die Stoßstange aber über genügend Verschraubungen am Fahrzeugrahmen

verfügen, damit sie das Zuggewicht auch hält und bei einer Bergeaktion nicht mitsamt der Seilwinde abreißt.
Neben den Nachrüst-Bumpern aus Stahl bietet die australische Firma ARB unter der Marke Smartbar auch die »Stealthbar« an. Obwohl sie das Wort Stahl im Namen trägt, besteht sie zum größten Teil aus robustem Kunststoff. Damit vereint sie die Vorteile von Stahl und Kunststoff und bietet Offroadtauglichkeit bei leichtem Gewicht. Allerdings ist sie aktuell vor allem für Fahrzeuge zu bekommen, die auch in Australien verkauft und gefahren werden. Darunter der Ford Ranger, verschiedene Toyota-Modelle, der Jeep Wrangler oder der Isuzu D-MAX.

Rammbügel & Rammschutz

Rammbügel sind in der Regel ein Bestandteil der Stoßstange und werden landläufig auch als Kuh- oder Bullenfänger bezeichnet. Die alten Modelle, wie man sie an betagteren Fahrzeugen findet, sind seit mehreren Jahren nicht mehr zulässig. Man bekommt sie auch nicht mehr in die Papiere eingetragen, egal welches alte Gutachten man dafür vorweisen kann. Denn sie entsprechen nicht mehr der Norm für den Fußgängerschutz, weil sie zu hoch über die Fahrzeugfront hinausragen. Einzig Fahrzeuge, bei denen sie schon vor Änderung der Vorschriften montiert und

Die Stealthbar von Smartbar besteht hauptsächlich aus Kunststoff. Sie ist eine der wenigen stabilen Stoßstangen aus diesem Material, die obendrein noch über eine Windenaufnahme verfügt.

Schutzbügel müssen seit geraumer Zeit den die rechtlichen Vorgaben zum Schutz von Fußgängern entsprechen, damit sie montiert werden dürfen.

eingetragen waren, haben Bestandsschutz. Montiert man sie an einem anderen Fahrzeug, bei dem sie nicht eingetragen ist, erlischt die Betriebserlaubnis. Vom Kauf gebrauchter Stoßstangen mit Bügel sollte man also absehen, wenn man nicht über die passende Eintragung in den Fahrzeugpapieren verfügt und zum Beispiel die eigene Stoßstange ersetzt werden muss, weil sie verbogen oder weggerostet ist. Mittlerweile sind aber vermehrt Schutzbügel erhältlich, die den Vorschriften entsprechen. Sie können zum Teil sogar eintragungsfrei montiert werden. Da sie niedriger bauen, erfüllen sie die rechtlichen Vorgaben hinsichtlich des Schutzes von Fußgängern. Je nach Modell wirkt ihre Optik fast so bullig wie die der alten Bullenfänger. Da sie an stabilen Punkten am Fahrzeug verschraubt werden, bieten sie auch Schutz für die originale Kunststoff-Stoßstange. Das nimmt Remplern an Bäumen oder Felsen den Schrecken.

Seilwindenaufnahme

Um vorn eine Seilwinde am Fahrzeug zu montieren, bestehen zwei Möglichkeiten: Die eine besteht darin, eine → Frontstoßstange mit integrierter Seilwindenaufnahme zu montieren. Sie verfügt mittig über eine Aufnahme für die → Seilwinde, die dort sicher und fest verschraubt werden kann. Die passenden Schraubenlöcher für die gängigen Seilwinden sowie die Montagepunkte für das Seilfenster (→ Seilwinden) sind bereits vorhanden.
Die andere Möglichkeit ist der verdeckte Einbau. Dabei kann die Original-Stoßstange am Fahrzeug bleiben, da die Winde dahinter und meist leicht nach unten versetzt montiert wird. Eventuell müssen dabei ein paar Einschnitte an der Stoßstange vorgenommen werden. Die Montage der Windenaufnahme erfolgt über Verschraubungen. Entweder an Original-Aufnahmepunkten am Rahmen oder über Montagematerial, das die Windenplatte fest am Rahmen verklemmt. Auch dabei wird nur geschraubt. Geschweißt wird nicht, und zusätzliche Löcher werden auch keine gebohrt. Der verdeckte Einbau hat den Vorteil, dass an der Fahrzeugfront keine Kanten oder Ecken der Winde oder des Seilhakens hervorstehen, was den TÜV freut. Manche Fahrzeugbesitzer benötigen auch eine Seilwin-

Diese Nachrüst-Stoßstange besteht aus Stahl. Hinter dem massiven Bumper ist eine Seilwinde montiert.

Für den Zugriff auf die Seilwindenkupplung kann die Abdeckplatte abgenommen werden.

de am Heck des Wagens. Oft sind es Fahrer und Fahrerinnen, die an Offroad-Motorsport-Wettbewerben teilnehmen, häufiger aber vor allem Jäger, die erlegtes Wild auf die Pritsche oder den Heckkorb ziehen wollen. Dabei kann die Winde fest am Fahrzeug oder auf einer sogenannten Multi-Mount-Seilwindenplatte montiert werden. Sie wird bei Bedarf in einer Halterung oder am Abschlepphaken fixiert.

Als Halterung dient meist das amerikanische Vierkant-System, in das auch Abschlepphaken eingeschoben werden können. Prinzipiell lässt sich so eine Aufnahme auch an der Fahrzeugfront anbringen. Dann ließe sich die Winde sowohl vorn als auch hinten nutzen und wäre damit für Reisende und Overlander eine gute Alternative zur festen Montage an der Front. Allerdings sollte die Montage der Aufnahme

Bei einer verdeckten Seilwindenaufnahme sitzt die Winde hinter oder in der Stoßstange.

Eine Seilwinde wird vor allem bei Fahrzeugen für Trophy-Veranstaltungen auch hinten montiert.

Aber auch Jäger wissen eine Winde im Heck zu schätzen.

Sie wird jedoch meist so montiert, dass man das erlegte Wild auf die Ladefläche ziehen kann.

so erfolgen, dass sie stabil genug mit dem Fahrzeugrahmen verschraubt ist. Denn die übliche, ab Werk montierte Abschleppvorrichtung, also der vordere oder hintere Haken, sollte nicht für die Fahrzeugbergung genutzt werden. Denn er ist nicht für die Kräfte, die bei einer Bergung im Gelände entstehen, ausgelegt, sondern nur für das Abschleppen auf der Straße vorgesehen. (→ Bergeösen und Abschlepphaken).

Über den Punkt, ob eine Seilwinde in die Papiere eingetragen werden muss oder nicht, lässt sich streiten. Manche Prüfer verlangen es, andere nicht. Hier sollte man sich vorab bei der zuständigen Prüfstelle erkundigen und dabei auch gleich nachfragen, ob es beim gewählten Seilwindenträger Probleme geben kann.

Eine Winde auf einer tragbaren Halterung lässt bei sich Bedarf vorn oder hinten an einer Halterung anbringen.

Heckstoßstange

Wie die vordere Stoßstange, besteht auch die hintere ab Werk meist aus Kunststoff. Auch sie lässt sich gegen eine stabilere Stahlstoßstange austauschen. Wie bei den Frontstoßstangen sind auch hier je nach Modell die Aufnahmen für Heckleuchten, Blinker oder Rückfahr- und Zusatzscheinwerfer sowie Parksensoren meist schon vorgesehen. Außerdem sind auch zusätzliche Bergeösen oft schon vorhanden oder können problemlos montiert werden. Außerdem bieten verschiedene Modelle die Möglichkeit zum Beispiel, stabile → Ersatzradträger, Ersatzkanister oder Kisten für die Aufbewahrung von Ausrüstung oder Bergematerial an ihnen zu montieren.

Auch für das Fahrzeugheck bietet der Zubehörhandel viele Stoßstangen aus robusterem Material an.

An einigen Nachrüst-Modellen lassen sich auch Träger für das Ersatzrad oder den Benzinkanister anbringen.

Ersatzradträger & Co.

Die Heckstoßstange lässt sich nicht nur als Heckstoßstange nutzen. Die stabilen Nachrüstmodelle aus Stahl bieten darüber hinaus auch die Möglichkeit einen Tire-Carrier zu integrieren. Die Halterung ist schwenkbar, der Drehpunkt sitzt seitlich rechts oder links außen. Zur Mitte hin befindet sich die Aufnahme für die Verriegelung. Besonders in Australien oder den USA sieht man immer wieder Fahrzeuge, die auf diese Weise gleich zwei Ersatzräder dabeihaben.
Diese separaten Ersatzradhalterungen können vor allem dann sinnvoll sein, wenn man größere Räder montiert hat und das Gewicht des Ersatzrads an der Hecktür zu hoch wird. Ist die Tür geschlossen, ist das kein Problem. Wird sie jedoch geöffnet, kann das höhere Gewicht auf Dauer die Scharniere ausleiern. Denn je größer das Rad an der Tür, umso größer auch die Belastung für die Scharniere beim Öffnen und Schließen. Funktioniert das anfänglich noch problemlos, wird es auf Dauer jedoch immer schlechter. Irgendwann lässt sich die Tür dann nicht mehr problemlos schließen und muss dazu eventuell im vorderen Bereich leicht angehoben werden.

Bei dieser nachgerüsteten Stoßstange fügt sich der schwenkbare Radträger nahezu unsichtbar ein.

Ein Alternative können zwar stärkere Türscharniere sein. Doch auch sie halten nicht jeder Belastung stand. Ist das Gewicht an der Tür zu groß, werden auch sie irgendwann unweigerlich ausleiern. Daher sind solche separaten, schwenkbaren Ersatzradhalterungen einen gute Lösung, wenn es darum geht das, nach dem Wechsel auf größere Räder umzurüsten oder dann auch größere Ersatzrad sicher zu transportieren. Bei Fahrzeugen mit Hecktür ist lediglich eine weitere »Tür« zu öffnen. Bei Fahrzeugen mit Heckklappe, die üblicherweise nicht über einen Ersatzradträger am Heck verfügen, ist jedoch zu beachten, dass man – bei den meisten Fahrzeugen – den Träger jedes Mal zur Seite schwenken muss, wenn man die Klappe öffnen will.

Neben den Halterungen für Ersatzräder sind nach dem gleichen Prinzip auch Carrier für Benzinkanister oder andere Ausrüstung erhältlich. Man könnte also zum Beispiel auf der rechten Seite den Tire-Carrier anbringen und links eine Halterung für einen Benzinkanister. ■

DEFENDER
WARN
LAND ROVER

SEIL-WINDEN

Die meisten Seilwinden an Geländewagen werden elektrisch betrieben.

Seilwinden

Bei den klassischen Seilwinden unterscheidet man zwischen elektrischen und hydraulischen Winden. Grundsätzlich können am Geländewagen beide Systeme zum Einsatz kommen, wobei die hydraulischen Winden eher selten an Offroadern und häufiger bei Abschleppfahrzeugen oder beim THW und der Feuerwehr zu finden sind. Außerdem ist Auswahl nicht wirklich groß, und die meisten Fahrzeuge verfügen standardmäßig nicht über die benötigten Anschlüsse für die Hydraulik. In der Regel sind es daher die elektrischen Seilwinden, die an die Geländefahrzeuge geschraubt werden.

Bei beiden Seilwindentypen wird das Seil auf einer Trommel aufgespult. Diese Trommel wird von einem Motor angetrieben, der bei den meisten Winden seitlich direkt an der Trommel angebracht ist und die Kraft direkt überträgt. Bei einigen Modellen, wie bei der Warn 8274, sitzt der Motor über der Trommel, die Kraft wird über Ritzel an die Trommel übertragen. Speziell für den Offroad-Motorsport kann dadurch die Geschwindigkeit gesteigert werden. Nach diesem Prinzip funktionieren auch die meisten Doppelmotorwinden, die allerdings eher bei Trophy-Veranstaltungen, bei denen es auf Geschwindigkeit ankommt, zum Einsatz kommen. Der zweite Motor sorgt dabei für mehr Kraft.

Das Zuggewicht einer Seilwinde wird meist in englischen Pfund (lb oder lbs) angegeben. Die Umrechnungsformel lautet: 1 kg = 2,20462 lb. Eine Winde mit der Angabe 9.5 kann also gut 4,3 Tonnen ziehen, eine Winde mit der Angabe 12.000 also etwas mehr als 5.400 Kilo, also 5,4 Tonnen. Diese Angabe gilt jedoch nur für die erste, also die unterste Lage auf der Seiltrommel. Bei jeder weiteren Lage verringert sich die Zugkraft zum Teil erheblich. Von der ersten auf die zweite Lage ist der Verlust am

höchsten, die Differenz zur vorherigen Seillage nimmt aber bei jeder weiteren Lage ab. Auf der fünften Seillage hat sich die Zugkraft je nach Winde schon nahezu halbiert. Diesem Effekt kann man mit → Umlenkrollen jedoch entgegenwirken.
Seilwinden verfügen außerdem über eine Kupplung. Sie wird über einen Hebel oder einen Drehschalter freigegeben, damit sich die Trommel frei drehen und man das Seil von Hand abziehen kann. Das geht bei fast allen Winden schneller, als es über die Windensteuerung mit Motorkraft abzurollen. Um das Seil einzuziehen, wird die Kupplung über den Schalter wieder eingerückt.

Elektrische Winden

Sie werden mit Strom betrieben und in der Regel an die Starterbatterie angeschlossen. Da beim Betrieb der elektrischen Winde hohe Ströme fließen, müssen die Anschlusskabel für die Winde ausreichend dimensioniert sein, damit sie nicht zu stark erhitzen oder gar durchbrennen. Außerdem muss eine Sicherung montiert werden. Außerdem macht es unter Umständen Sinn, einen Unterbrecherschalter zu montieren. Dafür lässt sich vor allem der als »Nato-Knochen« bezeichnete Notausschalter verwenden. Ist der passende Schlüssel nicht eingesteckt und arretiert, haben Winde und Windensteuerung keinen Strom.

Die Steuerung der Winde erfolgt über einen elektrischen Schalter. Meist ist er als Kabelfernbedienung ausgeführt, kann aber auch als fester Schalter im Fahrzeuginnenraum angebracht werden. Einige Modelle verfügen auch über eine Funkfernbedienung. Während über die mit Kabel angeschlossenen Schalter

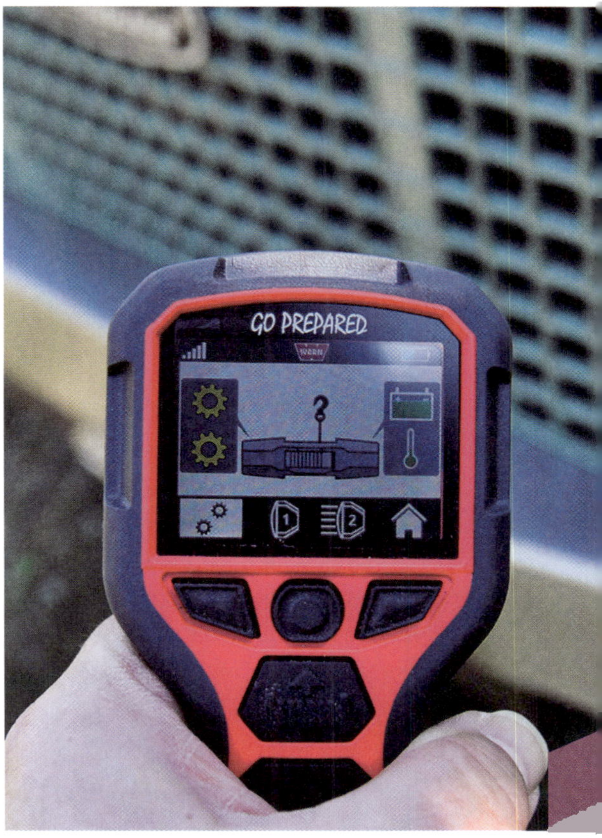

Manche Modelle verfügen über eine Fernbedienung, über die auch Zusatzscheinwerfer geschaltet werden können.

das Seil nur ein- oder ausgezogen werden kann, lassen sich über die Fernbedienung auch die Seilkupplung und bei machen Modellen Zusatzscheinwerfer oder anderes elektrisches Zubehör steuern.

TIPP: Da die Winde beim Winchen viel Strom zieht, kann es sinnvoll sein, den Motor mitlaufen zu lassen. Das verlängert die Einsatzzeit der Winde und schont die Batterie, da die Lichtmaschine zusätzlichen Strom liefert. Unter Umständen kann es auch hilfreich sein, dabei leicht Gas zu geben.

Hydraulische Winden

Hydraulische Winden benötigen für den Anschluss ein Hydrauliksystem, das einen ausreichenden Öldruck bereitstellt. Vergleichbar ist das zum Beispiel mit dem Schaufelarm eines Baggers. Auch er wird über Hydraulik gesteuert. Die Steuerung erfolgt über einen Hebel, der den Ölfluss in die eine oder in die andere Richtung freigibt. So kann das Seil ein- oder ausgezogen werden. Auch hydraulische Winden lassen sich über eine Fernsteuerung steuern. Dazu wird jedoch ein Steuerblock benötigt, der auf das Funksignal hin den Ölfluss freigibt. Da für den Betrieb lediglich ein konstanter Öldruck benötigt wird, sind auch Dauereinsätze mit konstanten Seilgeschwindigkeiten für hydraulische Winden kein Problem.

Allerdings verfügen die meisten Geländewagen nicht über das benötigte, ausreichend dimensionierte Hydrauliksystem und die notwendigen Anschlüsse für hydraulische Geräte. Ausnahmen sind zum Beispiel der Unimog oder ehemalige Militärfahrzeuge.

Infos und Tipps für die Montage einer Winde

- **Die Zugkraft der Winde muss höher sein als das Gewicht des Geländewagens. Als Faustformel gilt dabei, dass die Winde ungefähr das Doppelte des Fahrzeuggewichts ziehen können sollte.**
- **Die Seilwinde muss ausreichend fest mit dem Fahrzeug verbunden sein. Hierzu bieten sich bei einigen Fahrzeugen Seilwinden-Stoßstangen an, bei anderen spezielle Anbausätze, die am Fahrzeugrahmen ansetzen, und bei denen zum Teil Ausschnitte an der Originalstoßstange vorgenommen werden müssen (→ Seilwindenaufnahme). In keinem Fall darf sich beim Winchen die Seilwinde vom Fahrzeug lösen.**
- **Durch das zusätzliche Gewicht der Seilwinde kann es dazu kommen, dass auch das Fahrwerk angepasst werden muss. Gerade bei einer Winde mit Stahlseil kommen hier schnell 50 zusätzliche Kilo auf die Waage, die es unter Umständen auszugleichen gilt.**

Neben den elektrisch betriebenen Seilwinden bieten viele Hersteller auch Winden mit Hydraulik-Antrieb an.

Ein Kunststoffseil ist besonders leicht, unterliegt aber höherem Verschleiß als ein Stahlseil.

Seilwindenseil

Manche Dinge sind eine Glaubensfrage und werden immer wieder gern heiß diskutiert. Ob das Windenseil aus Stahl oder doch besser aus Kunststoff sein soll, gehört dazu. Die einen schwören auf Metall, die anderen geben der wesentlich leichteren Kunstfaser den Vorzug. Beides hat jedoch seine Vor- und Nachteile. Das Kunststoffseil punktet vor allem beim Gewicht. Und da kommen schnell 30, 40 oder mehr Kilo zusammen – bei ungefähr gleicher Arbeits- und Bruchlast (→ Bruchlast, Working Load Limit und Forest Tractive Force) Dafür sind Seile aus Kunststoff bei mechanischer Beanspruchung nicht so widerstandsfähig wie ein Stahlseil. Scheuert es zum Beispiel über den Boden oder über felsige Kanten, wird es dabei schneller und stärker beschädigt als ein Stahlseil. Reißt es, schnalzt es – entgegen der landläufigen Meinung, dass es einfach zu Boden fällt – wie ein Stahlseil auch, verursacht dabei aber weniger starke Verletzungen. Während ein reißendes Stahlseil mühelos sehr tiefen Wunden herbeiführen und sogar Gliedmaßen abtrennen kann, kommt man bei einem Kunststoffseil meist mit üblen Prellungen davon, wenn man ungünstig steht. Daher sollte bei Bergen immer ein ausreichender Sicherheitsabstand eingehalten werden. Das gilt vor allem für alle, die nicht unmittelbar an der Bergung beteiligt sind, und vor allem auch für die, die auf spektakuläre Handyvideos für ihre Social-Media-Kanäle hoffen. Dieser Abstand sollte mindestens das Anderthalbfache der verwendeten Seillänge betragen – egal welches Seil auf der Windentrommel aufgespult ist. Die an der Bergung beteiligten Personen sollten ebenfalls Sicherungsmaßnahme ergreifen. Dazu gehört unter anderem Handschuhe zu tragen, eine Seilbeschwerung über das Seil zu legen, nicht in der unmittelbaren Flugrichtung des reißenden Seils zu stehen und die Motorhaube des bergenden Fahrzeug zu öffnen. Wird das Seil beim zu bergenden Fahrzeug an der Front angeschlagen, öffnet man auch hier die Motorhaube. Denn es ist immer noch besser, wenn ein gebrochener Stahlschäkel in die geöffnete Haube ein- statt die Windschutzscheibe durchschlägt.

Vorteile eines Kunststoffseils:	Nachteile eines Kunststoffseils:
• geringeres Gewicht, leichter auszuziehen und zu tragen, • flexibler als Stahlseil, leicht handhabbar, • bei gleicher Bruchlast passen mehr Seilmeter auf die Rolle, weil das Seil sich flach zusammendrückt, • keine Drahthaken, reduzierte Verletzungsgefahr beim Hantieren mit dem Seil, • bei Seilriss geringere Verletzungsgefahr als bei einem Stahlseil, • kann nach Seilriss durch Spleißen geflickt werden, • kann durch Spleißen verlängert werden, • kann ausgewaschen werden, • rostet nicht, • bildet keine Knickstellen.	• höherer Verschleiß beim Scheuern über den Boden oder Hindernisse als beim Stahlseil, • je nach Anwendung geringere Lebensdauer als ein Stahlseil, muss gegebenenfalls öfter ausgetauscht und ersetzt werden, • unter Umständen (je nach Material) empfindlich gegen Witterung, Nässe, Hitze, UV-Strahlung, Kraftstoffe, Öle und andere Chemikalien. • regelmäßige Pflege und Kontrolle notwendig – sind Schnitte, Scheuer- oder Schadstellen im Seil vorhanden? Sind Sand oder kleine Steinchen in das Seil eingedrungen? Muss das Seil ausgewaschen werden?

Vorteile eines Stahlseils:	Nachteile eines Stahlseils
• bei sachgemäßer Anwendung höhere Lebensdauer, • widerstandsfähiger und robuster als ein Kunststoffseil, • unempfindlich gegen UV-Strahlung, Hitze, Kraftstoffe, Öle und andere Chemikalien, • geringerer Verschleiß beim Scheuern über den Boden oder Hindernisse als beim Kunststoffseil.	• deutlich höheres Gewicht als ein Kunststoffseil, schwerer auszuziehen und zu tragen, • unhandlicher in der Handhabung, da kaum elastisch, • kann Knickstellen oder Quetschungen bilden oder sich aufdrehen, beschädigte Adern können hervorstehen, • Verletzungsgefahr durch kaputte, hervorstehende Adern des Seils oder durch Quetschungen beim Hantieren mit dem Seil, • Gefahr schwerster Verletzungen oder gar Tod bei Seilriss, • korrosions- oder rostanfällig, • nach Seilriss kein Spleißen möglich, • kann nicht durch Spleißen verlängert werden. • regelmäßige Pflege und Kontrolle notwendig – (Quetschungen, Knicke, beschädigte Stellen, Rost oder Korrosion), muss das Seil gefettet werden?

Seilfenster

Die Wahl des Windenseils entscheidet auch über die Wahl des Seilfensters. Bei einem Stahlseil kommt ein Rollenseilfenster zum Einsatz. Es verfügt an den Rändern über Rollen, über die das Seil beim Aus- und Einziehen laufen kann. Da die Rollen sich mitdrehen, erleichtert das nicht nur das Winchen, das Seilfenster wird auch nicht beschädigt.

Da ein Kunststoffseil jedoch in den Ecken eines Rollenseilfensters verklemmen könnte, verwendet man hier ein Seilfenster aus Aluminium oder einem robusten Kunststoff wie Polyoxymethylen (POM). Die Kanten am Auslass sind ringsherum gerundet und sorgen so für einen leichten Lauf. So wird weder das Seilfenster vom Seil noch das Seil vom Seilfenster beschädigt. Ein Stahlseil würde dagegen auf Dauer tiefe Reifen in Alu- oder Kunststoffseilfenstern hinterlassen.

Bei einem Stahlseil wird ein Rollenseilfenster verwendet. Eine Abdeckung schützt im Straßenverkehr Fußgänger.

Da sich ein Kunststoffseil in den Rollen verklemmen kann, verwendet man hier Seilfenster aus Aluminium oder POM.

Spillwinden

Im Gegensatz zu den Winden, die fest am Fahrzeug montiert werden, verfügen Spillwinden nicht über eine Trommel, auf der das Seil aufgespult wird. Außerdem sind sie mobil und werden nicht am Fahrzeug verschraubt. Ihr Prinzip funktioniert nach dem System der Schotwinden auf Segeljachten, mit denen Segel gehisst werden. Dabei läuft das Seil mehrfach um eine Trommel, wird aber nicht aufgespult, sondern läuft wieder von der

Bei einer Spillwinde wird das Seil um eine Trommel geführt, aber nicht aufgerollt.

Trommel ab. Damit können sehr viel längere Seile verwendet werden, da das Seil nicht fest mit der Winde verbunden ist.

Außerdem kann das Seil an jeder beliebigen Stelle am Fahrzeug angeschlagen werden, da es auch keine feste Verbindung zum Fahrzeug hat. Die Spillwinde selbst sollte an einem festen Ankerpunkt, zum Beispiel einem Baum, angeschlagen werden. Theoretisch ginge das zwar auch am Fahrzeug, dann muss man beim Winchen jedoch mitlaufen und die Winde bedienen. Das dürfte in der Praxis kaum funktionieren. An einen festen Ankerpunkt angebracht, kann man dagegen auch selbst an dieser Stelle stehenbleiben und arbeiten.

Beide Bilder von Yves Rousseau

Spillwinden werden in der Regel mit Benzin oder Zweitakt-Gemisch betrieben und verfügen, wie eine Motorsäge, über einen Motor, der die Trommel antreibt. Manche Modelle sind auch für den Akkubetrieb ausgelegt, die Leistung fällt dabei jedoch geringer aus. Dafür bleibt die Zugkraft der Spillwinde im Gegensatz zu den Trommelwinden immer gleich, da es sich nicht pro Lage verringert (→ Seilwinden) Die Spillwinde ist somit sehr flexibel einsetzbar, hat allerdings ein gewisses Gewicht, und man sollte zusätzlich einen Extra-Kanister mit dem passenden Kraftstoff dabeihaben. Daher kommen diese Winden eher in der Forstwirtschaft zum Einsatz als beim Offroaden. ■

RUND UM DIE LUFT

LANDAR M/T
G003
YOKOHAMA

Rund um die Luft

Luft und Druck spielen in allen Fahrzeugen an mehreren Stellen eine große Rolle. Bei Geländefahrzeugen kommen jedoch noch ein paar Dinge hinzu, die bei Straßen-Pkw nicht vorhanden sind. Schauen wir also, wo Luft beim Geländewagen überhaupt benötigt wird oder wo sie eine Rolle spielt:

- Reifen – ohne Luft bleiben sie platt.
- Motor – hier wird sie benötigt, um ein Kraftstoff-Luftgemisch zu erzeugen, das sich zünden lässt oder selbst zündet.
- Überdruck – in Getrieben, Achsen und anderen Bauteilen entsteht durch die Hitze (Öle, Luft und geringe Mengen Wasser dehnen sich aus) ein Überdruck. Daher sorgt eine Entlüftung für den Druckausgleich. Da auch der Tankinhalt sich ausdehnen kann, benötigt man auch hier eine Entlüftung.
- Unterdruck – bei laufendem Motor entsteht ein Unterdruck. Er wird zum Beispiel für den Bremskraftverstärker genutzt, bei Geländefahrzeugen aber auch für das Schalten in den Allradantrieb.
- Stoßdämpfer – verschiedene Fahrzeuge verfügen über Luftdruckstoßdämpfer. Mit ihnen lässt sich das Fahrzeug nach oben pumpen oder absenken.
- Innenraum – hier spielt nicht nur die Lüftung zum Freiblasen beschlagener Scheiben eine Rolle, es muss auch bei geschlossenen Fenstern Sauerstoff ins Auto gelangen. Außerdem muss auch Luft entweichen können. Das stellt man zum Beispiel fest, wenn man eine Tür kräftig zuschlägt. Dann entsteht kurzzeitig ein Überdruck, der über Lüftungsöffnungen entweichen kann.
- Luftwiderstand – ein geringer Luftwiderstand ist zwar nicht zwingend nötig und spielt beim Fahren grundsätzlich erst einmal keine Rolle, aber er ist immer vorhanden. Je niedriger der in Cw gemessene Wert, umso niedriger der Verbrauch. Einen geringen Cw-Wert sucht man bei Geländefahrzeugen jedoch meist vergeblich.

Luftfilterkasten

Hier wird die angesaugte Luft, die für die Bildung des Kraftstoff-Luftgemischs benötigt wird, gereinigt. Staub und andere Partikel haben im Brennraum nichts zu suchen. Sie sammeln sich im Luftfilter. Da er sich mit der Zeit mehr und mehr zusetzt, sollte er regelmäßig kontrolliert und gegebenenfalls ausgetauscht oder zumindest etwas ausgeklopft oder mit Druckluft ausgeblasen werden. Denn je schmutziger der Filter, umso schlechter bekommt der Motor Luft.
Auf gar keinen Fall darf Wasser in den Ansaugtrakt geraten. Im Gegensatz zu Luft lässt es sich nicht verdichten. Gelangt es in den Brennraum, stößt der Kolben mit seiner vollen Wucht des aktuellen Drehmoments dagegen, kann aber nichts zusammenpressen. Die durch den Kolbenhub entstehende Kraft muss aber irgendwohin und sucht sich den Weg des geringsten Widerstands. Verbogene oder nach unten herausgerissene Pleuel, ausgerissene Ventile oder Löcher in Zylinderkopf oder an anderen Stellen im Motorblock sind die Folge. Daher sollte man vor einer Wasserdurchfahrt unbedingt klären, auf welcher Höhe der Lufteinlass in den Luftfilterkasten sitzt. Dabei sollte man diese Höhe jedoch nicht als das Maß der Dinge für eine Wasserdurchfahrt nehmen, sondern Wellen und schwappendes Wasser mit einbeziehen. Außerdem sollte man sich bewusst machen, dass ein sich drehendes

Der Luftfilterkasten kann eine eckige oder auch eine runde Form haben. Im inneren ist ein Luftfilterelement untergebracht.

Lüfterrad vom Kühler das Wasser munter im gesamten Motorraum verteilt und es dabei auch in die Luftansaugung geraten kann. Eine Lösung diese Probleme zu umgehen, bietet die Montage eines → Schnorchels.

Schnorchel

Eine erhöhte Luftansaugung, gemeinhin als Schnorchel bezeichnet, verlagert den Punkt, an dem die Luft für den Motor angesaugt wird, nach oben. Die meisten Modelle saugen die Luft auf der Höhe des oberen Scheibenrahmens an. Für die Luftansaugung können Schnorchel mit der sogenannten Air-Ram-Luftansaugung oder mit einem Zyklonfilter ausgerüstet werden. Der Zyklonfilter hat vor allem in staubigen und sandigen Gegenden den Vorteil, dass er Staub und Sand schon absondert, bevor er in den eigentlichen Filter gelangt. Das schont den Luftfilter und er muss seltener gereinigt oder ausgetauscht werden. Je nach Land wird die Montage eines Schnorchels von den Prüforganisationen unterschiedlich gewertet. Für die meisten Modelle wird daher vom Hersteller ein Gutachten oder eine ABE mitgeliefert. In Deutschland kann der Schnorchel damit in die Fahrzeugpapiere eingetragen werden.
Bei der Montage eines Schnorchels ist jedoch zu bedenken, dass bei fast allen Modellen Löcher in die Karosserie gebohrt werden müssen. Die Schnittkanten sollten unbedingt vor Rost geschützt werden und grundiert und/oder lackiert werden, bevor man den

Mit einem Schnorchel wird die Luftansaugung nach oben verlegt. Das Kopfstück auf dem Foto ist der sogenannte Air Ram Kopf.

Schnorchel anbringt. Außerdem müssen alle Anschlüsse auch dicht sein. Das dafür notwendige Montagematerial liefern die Hersteller in der Regel mit.
Hat man einen Schnorchel montiert, sollte man es mit der Wassertiefe dennoch nicht übertreiben. Zum einen sind auch die elektrischen und elektronischen Bauteile empfindlich, zum anderen kann Wasser auch über diverse Öffnungen in den Fahrzeuginnenraum eindringen.

Achs- & Getriebeentlüftung

In Achsen und im Getriebe entsteht bei Fahren ein Überdruck, der über eine Achs- oder Getriebeentlüftung entweichen kann. Häufig ist das ein etwas nach oben verlegter Schlauch, bei manchen Fahrzeugen, wie zum Beispiel dem Suzuki Jimny, aber auch ein Ventil. Üblicherweise reicht das auch aus. Problematisch wird es aber auch hier bei Wasserdurchfahrten. Liegt die Öffnung des Schlauchs nicht hoch genug oder ist das Ventil durch Schmutz oder Schlamm verdreckt und arbeitet nicht mehr richtig, kann Wasser in Achsen oder Getriebe eindringen. Um das zu vermeiden, kann man die Entlüftung mit längeren Schläuchen weiter nach oben verlegen. Dabei kann sie entweder einfach oben offen an einem geeigneten Punkt fixiert werden, oder man verlegt sie mit passenden und wasserdichten Anschlüssen in den Luftfilterkasten. Hat man einen Schnorchel montiert, reicht das dann in jedem Falle aus.

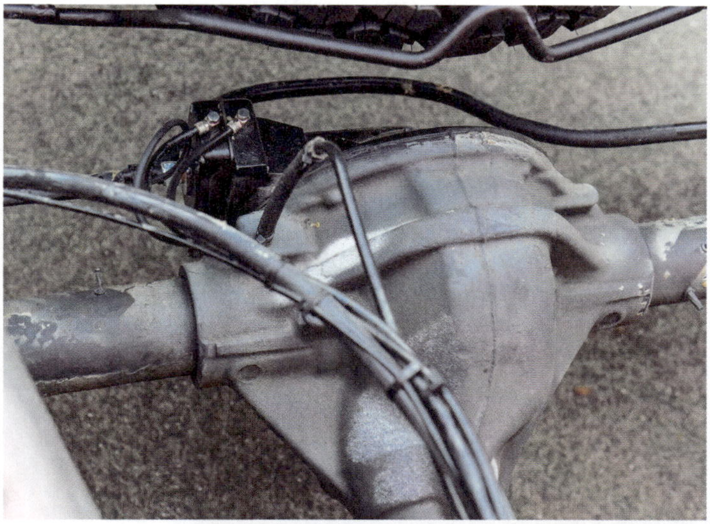

Die Entlüftungen für Getriebe und Achsen sind oben auf den Gehäusen angebracht. Die Luft wird entweder über einen Schlauch abgeleitet ...

... oder durch ein Ventil. Das kann jedoch gerade beim Fahren im Gelände schnell verstopfen und sollte regelmäßig auf Gangbarkeit überprüft werden.

Reifendruck

Der richtige Druck in den Reifen spielt bei Fahren im Gelände eine noch größere Rolle als beim Fahren auf der Straße. Muss er auf der Straße eher hoch sein, damit das Fahrzeug sicher fährt, darf er im Gelände gern niedrig sein. Denn im Gelände Luft aus Reifen zu lassen hilft in vielen Situationen, um dort weiterfahren zu können, wo die Räder bei höherem Reifendruck durchdrehen oder sich eingraben würden. Denn je niedriger der Luftdruck ist, desto größer ist die Aufstandsfläche des Reifens und desto besser ist die Traktion. Daher sollte vor der Fahrt der richtige Luftdruck für die zu bewältigende Strecke gewählt werden. Eine Faustregel besagt: Je weicher der Untergrund desto weicher der

Der richtige Luftdruck kann im Gelände entscheidend sein. Im Gelände Luft abzulassen hilft in vielen Passagen, ein gutes Stück weiter fahren zu können. Geht es zurück auf die Straße, die Luft wieder auffüllen.

Reifen, je härter der Untergrund desto härter der Reifen. Doch Vorsicht: Niedriger Luftdruck erhöht auch die Verletzungsgefahr der Flanken, und bei zu niedrigem Druck können die Reifen von der Felge springen. Daher sollte man den Druck nicht zu weit ablassen, da sonst auch die Gefahr besteht, dass sich der Reifen auf der Felge dreht. Auch Sand, Schlamm oder kleine Äste können sich dann

allzu leicht zwischen Reifen und Felge schieben und für Luftverlust sorgen. Im ungünstigsten Fall kann dann eben der Reifen von der Felge springen. Um das zu vermeiden, können die Reifen jedoch auf → Beadlock-Felgen montiert werden.

Eine Regel, wie weit man den Druck ohne derartige Probleme ablassen kann, gibt es jedoch (leider) nicht. Zu viele Faktoren spielen hier eine Rolle. So kommt es zum Beispiel auf Reifengröße und -breite an. Während ein breiterer Reifen meist mühelos mit einem Luftdruck von 0,8 Bar oder weniger klarkommt, funktioniert das bei schmäleren Reifen meist nicht. Sie rutschen dann schnell auf der Felge durch und zwischen Felgenhorn und Reifen kann sich schnell Dreck setzen. In der Folge entweicht dann Luft und der Reifen muss demontiert, Reifen und Felgenbett gereinigt und der Reifen anschließend wieder aufgezogen werden. Man muss sich beim Luftablassen also ein wenig an den möglichen Druck herantasten. Bleibt man über einem Bar, sollte es aber in der Regel funktionieren.

Tire-Deflator

Im Gelände Luft abzulassen ist eine sinnvolle Maßnahme. Mit einem Streichholz oder etwas Ähnlichem über jedes Ventil ein gutes Bar Druck abzulassen, erweist sich jedoch als schwierig und langwierig. Außerdem hat man kaum eine Kontrolle darüber, wieviel Druck der Reifen noch hat. Der Tire-Deflator von ARB, den es in ähnlicher Form und Bauweise auch von anderen Firmen gibt, ist ein praktisches Tool, um schnell und kontrolliert Luft aus dem Reifen zu lassen. Schnell, weil man mit ihm das eigentliche Ventil aus dem Ventil-

Mit einem Tire-Deflator lässt sich schnell und vor allem kontrolliert Luft ablassen. Das Manometer zeigt an, wieviel Druck noch im Reifen ist.

sitz schraubt und nach hinten zieht. Dadurch kann eine große Menge Luft in kurzer Zeit ausströmen. Kontrolliert, weil am Tire-Deflator ein Manometer angebracht ist, auf dem man den Reifendruck ablesen kann, und weil man über einen Schiebemechanismus dafür sorgen kann, dass Luft strömt oder eben nicht. Das angebrachte Manometer hat eine Skala für den Druck in Bar und in Psi.
Um den Tire-Deflator zu nutzen, wird zunächst der Messingaufsatz auf das Ventil geschraubt und anschließend der Ventileinsatz herausgedreht und nach hinten gezogen. Da das Ventil dabei in der Messinghülse bleibt, kann es auch nicht verloren gehen. Durch das Schiebeventil wird anschließend die Luft bis auf den gewünschten Reifendruck abgelassen. Anschließend wird der Ventileinsatz wieder ein-, der Deflator wieder ab- und die Ventilkappe wieder aufgeschraubt. Letzteres ist wichtig, da nur so das Ventil auch optimal geschützt ist.

Kompressoren

Um Reifen aufzupumpen, benötigt man entweder einen Druckspeicher, wie er oft neben den Zapfsäulen an Tankstellen zu finden ist, oder einen Kompressor. Auch den findet man an den Tankstellen, meist an den neueren oder modernisierten. Die etwas abseits gelegene Luftdruckstation ist dann in der Regel direkt an einen Kompressor angeschlossen, oder der Kompressor befindet sich im oder unter dem Gehäuse. Und mancher hat auch einen Kompressor in der heimischen Garage oder im Keller, den man auch zum Reifenfüllen nutzen kann. In der Regel hat der jedoch eine gewisse Größe und benötigt zum Betrieb 230 Volt.

All das nutzt einem daher ziemlich wenig, wenn man nach einer anspruchsvollen Geländepassage irgendwo fernab jeglicher Tankstelle vor dem Band aus Asphalt steht. Das Aufpumpen ginge jetzt zwar auch mit einer einfachen Doppelkolben-Fußpumpe, ist damit aber ziemlich schweißtreibend, langwierig und mühselig. Abhilfe kann hier ein kleiner Kompressor schaffen. Solche kleinen Kompressoren kann man sich direkt im Fahrzeug einbauen, es gibt aber auch transportable Lösungen, die man mit ins Fahrzeug nehmen kann. Ist die Tour beendet, packt man sie einfach wieder in Garage oder Keller.
Der Zubehör-Markt bietet eine ganze Reihe an transportablen Kompressoren in den unterschiedlichsten Aufführungen und Größen.
Hat man in den Achsen Druckluftsperren (→ **Achssperren**) nachgerüstet, erübrigt sich ein transportabler Kompressor jedoch, sofern der für die Sperre zuständige Kompressor dafür ausgelegt ist, auch die Reifen damit füllen zu können.

Transportable Reifenfüll-Kompressoren sind mit einem oder mit zwei Zylindern erhältlich. Das Gewicht der verschiedenen Modelle reicht von gut zwei bis hin zu stolzen 15 Kilo. Genauso unterschiedlich sind daher auch die Leistungen beim Aufpumpen von Reifen. Zudem verlieren die meisten Modelle gerade im Bereich ab 1,5 bar merklich an Leistung. Ein weiteres Manko vieler Geräte ist die mangelnde Genauigkeit der angebrachten Manometer. Häufig sind die Anzeigen zu ungenau, um alle vier Räder tatsächlich auf den gleichen Druck zu bringen. Um sie erstmal auf einen straßentauglichen Druck aufzupumpen, reicht es aber aus. Will man es genauer, besorgt man sich zusätzlich einen möglichst guten Reifenfüller mit Manometer. Eventuell muss man den Schlauchanschluss dann jedoch ein wenig modifizieren und einen Adapter anbringen. Bei einigen Geräten, wie den ARB-Kompressoren, muss man einen Reifenfüller mit Manometer allerdings ohnehin separat erwerben, da sie nur mit einem einfachen Füll-Anschluss ohne Manometer geliefert werden. Alternativ kann man zur Reifendruckkontrolle aber auch den → **Tire-Deflator** verwenden, muss dann aber immer wieder umstecken und -schrauben.
Ein weiteres Manko bei manchen Geräten ist der Umstand, dass sich der Ein-Aus-Schalter am Gerät befindet, das Manometer aber direkt am Ventil. Da das Stromkabel, mit dem man die Geräte an die Batterie anklemmt, aber zu kurz ist, um den Kompressor an jedes Rad zu stellen, muss man zum Ein- und Ausschalten hin und her laufen, oder mit zwei Personen aufpumpen – einer kontrolliert, einer schaltet an und aus.

Der Anschluss an die Batterie erfolgt bei allen mobilen Kompressoren über Krokodilklemmen, deren Qualität und Größe aber je nach

Gerät stark variieren. Die Lautstärke beim Pumpen hält sich bei nahezu allen Geräten in Grenzen. Bei der Hitzeentwicklung gibt es jedoch durchaus Unterschiede. Hier muss man die Herstellervorgaben bezüglich der Lauf- und Abkühlzeit genau studieren, um die Geräte nicht zu überhitzen.

Unterm Strich machen aber alle diese Geräte klaglos das, was sie sollen: einen Geländereifen aufpumpen. Manche schaffen das schneller, andere sind etwas langsamer. Da man unterwegs aber in der Regel Zeit hat, dürfte es kaum eine Rolle spielen, ob man pro Rad eine Minute oder etwas mehr als zwei Minuten benötigt. ■

Der Zubehörhandel bietet eine Vielzahl an mobilen Kompressoren. Dabei gibt es Unterschiede, aber Luft pumpen sie alle in die Reifen.

TIPP: Ist die Geländepassage vorbei und man steht wieder vor der asphaltierten Straße, sollten die Reifen unbedingt wieder aufgepumpt werden. Denn hier mit zu niedrigem Reifendruck zu fahren, kann böse Folgen haben. Zu schwammig der Wagen, zu unpräzise die Lenkung. Hat man vielleicht das Glück, dass eine Tankstelle in der Nähe ist, lassen sich bei vorsichtiger Fahrweise vielleicht ein paar Kilometer überbrücken. Befindet man sich jedoch irgendwo weitab jeglicher Zivilisation, hat man zwar meist jede Menge frische Luft um sich herum, bekommt sie aber leider nicht in den Reifen.

Banner
VALVE-REGULATED NONWOVEN BATT
bannerbatterien.com
VALVE-REGULATED NONWOVEN BATTERY ABSORBENT GL

BATTERIEN

Batterien

Jedes Fahrzeug verfügt über eine Batterie, die sogenannte Starterbatterie. Sie hat vor allem die Aufgabe, den Anlasser beim Starten zu drehen und somit den Motor zum Laufen zu bringen. Außerdem werden darüber im Stand Dinge wie Licht, Radio oder die Lüftung betrieben. Damit sie stets genug Kraft dafür hat, wird sie beim Fahren über die Lichtmaschine geladen. Neben der Starterbatterie kann man eine zweite Batterie im Fahrzeug montieren. Sie dient dann vor allem dazu, Verbraucher wie Kühlbox und andere Dinge mit Strom zu versorgen.

Batterietypen

Hier eine Aufstellung der gängigsten Batterietypen:

- **Starterbatterie:** Sie wird vorrangig zum Starten des Fahrzeugs verwendet und stellt daher einen hohen kurzzeitigen Strom zur Verfügung. Lange Entnahmezeiten für Kühlboxen oder andere Dinge sind nicht ihr Metier.
- **Aufbaubatterie oder Verbraucherbatterie:** Im Gegensatz zur Starterbatterie ist sie für den Dauereinsatz ausgelegt. Für den Betrieb von Kühlboxen & Co. ist sie daher die bessere Wahl.
- **Blei-Säure-Batterien:** Sie sind die klassische Variante der Autobatterie. Die eingesetzten Bleiplatten sind von verdünnter Schwefelsäure, die als Elektrolyt fungiert, umgeben. Beim Laden entstehen Gase. Werden sie im Aufbau eingesetzt, muss daher eine Entlüftung vorgesehen werden. Sie können nur aufrechtstehend eingebaut werden. Dieser Batterietyp wird auch als Nassbatterie bezeichnet.
- **GEL-Batterien:** Der Aufbau ist ähnlich wie bei der Nassbatterie, allerdings wird der Elektrolyt mit Kieselsäure in einen gelartigen Zustand versetzt. Da das System außerdem geschlossen ist, kann bei Schräglagen des Fahrzeugs nichts auslaufen und beim Laden findet keine Ausgasung statt. Dieser Batterietyp wird häufig auch als »wartungsfreie Batterie« bezeichnet.
- **AGM-Batterien:** Auch die AGM-Batterie ist letztlich eine Blei-Säure-Batterie. Der Elektrolyt, also die Säure, ist hier jedoch in einer Glasfasermatte gebunden. Daher auch der Name: AGM steht für Absorbent Glass Mat. AGM-Akkus vertragen eine höhere Zahl an Ladezyklen und können in jeder Lage eingebaut werden, da sie auslaufsicher sind. Auch hier findet beim Laden keine Ausgasung statt, eine Entlüftungsöffnung des Batteriefachs ist nicht notwendig.
- **Lithium-Ionen-Akkus:** In diesen Batterien oder Akkus befindet sich kein Blei, sondern Lithium-Eisenphosphat. Die Abkürzung lautet LiFePO4, weswegen dieser Akkutyp auch unter der Bezeichnung LiFePO4-Batterie zu finden ist. Sie gelten derzeit als die leichtesten, leistungsfähigsten und vor allem zyklenfestesten Akkus. Das bedeutet, dass sie wesentlich öfter ge- und entladen werden können als die anderen Batterietypen und im Vergleich weniger wiegen. Eine gute Wahl also, wenn es ums Gewicht geht. Ihr größter Nachteil: Sie belasten den Geldbeutel oder das Konto. Die Preise bewegen sich von hohen dreistelligen bis in den mittleren vierstelligen Bereich. Wer es sich zutraut, kann mittlerweile aber auch Bausätze kaufen und sich seine LiFePO4-Batterie selbst zusammenstellen. Die sind schon für weniger Geld zu bekommen, dreistellig bleibt der Betrag aber ganz locker trotzdem.

Starterbatterie

Die Starterbatterie hat vor allem die Aufgabe, den Anlasser beim Starten zu drehen und somit den Motor zum Laufen zu bringen. Außerdem werden darüber im Stand Dinge wie Licht, Radio oder die Lüftung betrieben. Damit sie stets genug Kraft dafür hat, wird sie beim Fahren über die Lichtmaschine geladen. Mutet man ihr mehr als nur den Startvorgang zu, schafft sie das zwar eine Weile, irgendwann reicht der Saft aber nicht mehr zum Anlassen.

Außerdem werden zusätzliche Scheinwerfer (→ Zusätzliche Beleuchtung) oder die → Seilwinde bei der Montage fast ausschließlich an der Starterbatterie angeschlossen. Zusatzscheinwerfer sollten dabei möglichst über ein Relais geschaltet werden. Beim Betrieb der Seilwinde sollte man den Motor mitlaufen lassen, damit die Batterie nicht leergesogen wird. Unter Umständen kann es auch hilfreich sein, zusätzlich etwas Gas zu geben. Ob das notwendig ist, merkt man, wenn beim Winchen die Drehzahl absackt.

Die Starterbatterie ist bei den meisten Fahrzeugen im Motorraum untergebracht.

Eine Ausnahme bildet zum Beispiel der Land Rover Defender. Bei ihm ist die Starterbatterie (hier mit Zweitbatterie) unter dem Fahrersitz montiert.

Doppelbatteriesystem

Mutet man der Starterbatterie mehr als nur den Startvorgang zu, schafft sie das zwar eine Weile, irgendwann reicht der Saft aber nicht mehr zum Anlassen. Will man also eine Kühlbox oder andere Verbraucher betreiben, sollte man dafür eine extra Batterie im Fahrzeug unterbringen. Sie wird als Zweit- oder auch Aufbaubatterie bezeichnet. Da jedoch auch sie immer wieder geladen werden muss, wird sie in der Regel ebenfalls an die Lichtmaschine angeschlossen. Allerdings reicht es dafür nicht, einfach zwei zusätzliche Kabel zu ziehen. Die Minimalanforderung ist ein zwischengeschaltetes Relais. Ein intelligentes Batteriemanagement-System ist jedoch die bessere Wahl. Ein solches System bietet zum Beispiel die Schweizer Firma IBS Intelligent Battery System. Der Clou beim IBS-System: Hier wird nicht nur die Zweitbatterie geladen. Reicht die Ladung der Starterbatterie nicht zum Starten, können beide Akkus kurzfristig miteinander gekoppelt werden, was ein extra mitgeführtes Starterpack überflüssig macht. Für neuere Fahrzeuge mit Can-Bus-Systemen, neue Generationen von Lichtmaschinen und Ladereglern sowie geänderte Ladeeinstellungen ist das System bereits weiterentwickelt worden. Das IBS-DBM-System ist somit für heutige und auch schon zukünftige Anforderungen gerüstet.

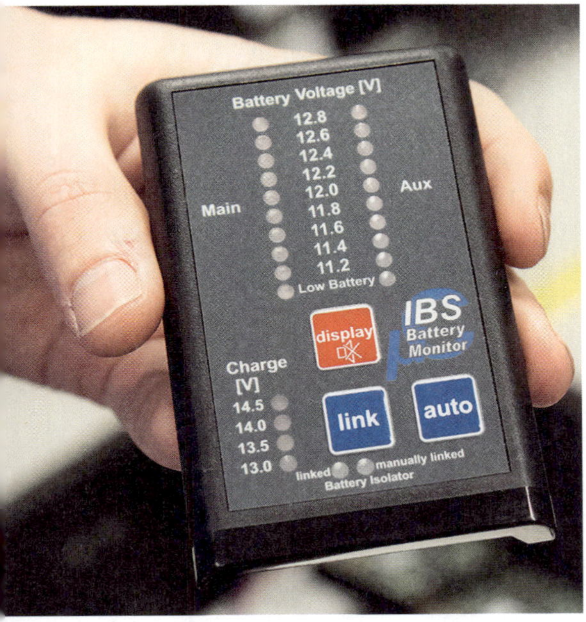

Das von Beat Wyss vor vielen Jahren entwickelte Doppelbatterie-System wird heute noch nahezu unverändert hergestellt. Mit ihm lassen sich Batterien laden und kurzzeitig koppeln.

Diese Kopplung der Akkus über das IBS-System kann aber auch beim Einsatz der Seilwinde am geländegängigen Reisefahrzeug hilfreich sein, da hierbei kurzfristig mehr Leistung benötigt wird. Eine weitere Alternative sind »intelligente« Batterie-zu-Batterie-Ladegeräte, auch als Ladewandler oder Ladebooster bezeichnet, die zwischen Starter- und Aufbaubatterie geschaltet werden. Sie sind von verschiedenen Herstellern und in verschiedenen Spezifikationen erhältlich. Mit dem passenden Gerät können auch die 24 Volt eines Lkw mit den 12 Volt des Aufbaus gekoppelt und so die 12-Volt-Aufbaubatterie während der Fahrt problemlos geladen werden.

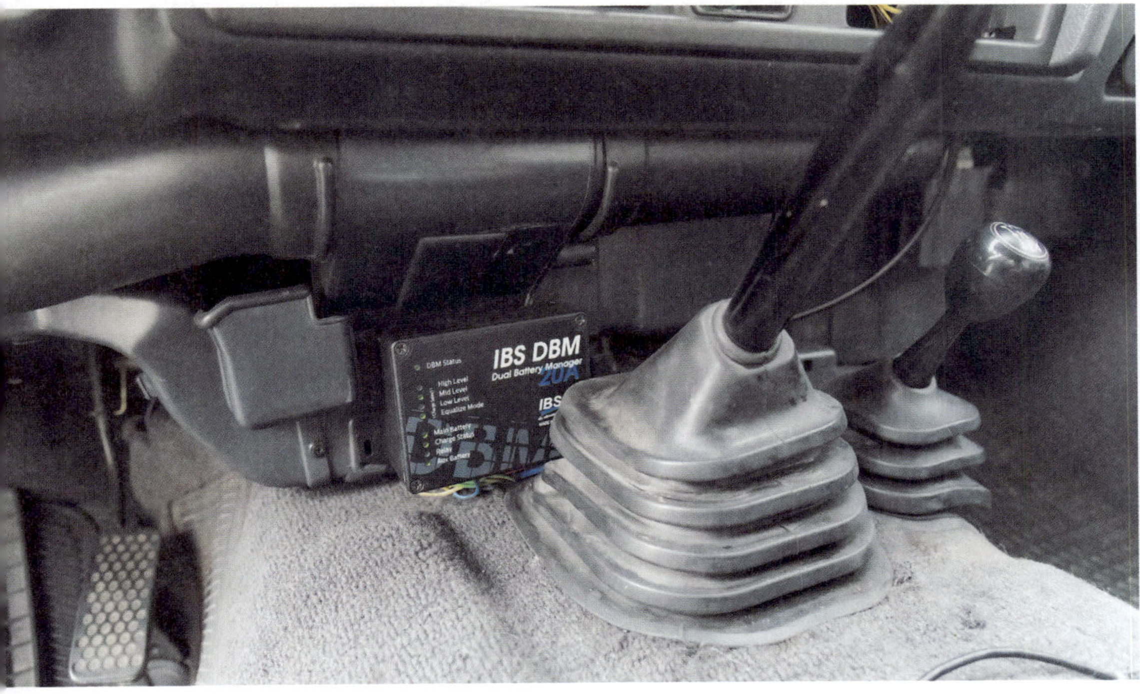

Das neuere DBM-System kommt auch mit den Anforderungen moderner Fahrzeuge klar. Es unterstützt Blei-, AGM-, Gel- und Lithium-Ionen-Batterien.

Batterien parallelschalten

Reicht eine Batterie für den Betrieb von Zusatzgeräten nicht aus, lassen sich auch zwei oder mehr Akkus parallelschalten. Bei der Parallelschaltung bleibt die Stromspannung erhalten und die Kapazität verdoppelt sich. Anders ausgedrückt: Bei zwei Batterien mit 70 Amperestunden ergeben sich 12 Volt und 140 Amperestunden.

Parallelanschluss bedeutet, dass auf der einen Seite die Pluspole der Akkus miteinander verbunden werden und auf der anderen Seite die Minuspole. Dabei werden zuerst alle Pluspole miteinander verbunden und erst danach die Minuspole. Die Kabel für die Anschlüsse sollten dabei jeweils entgegengesetzt liegen, damit der Strom beim Laden in allen Akkus gleichmäßig fließt. Auch hier wird der Pluspol zuerst angeschlossen. Für Parallelschaltungen gilt die folgende Formel:

Insgesamt = I1+I2 usw.,
aber Vgesamt = V1 = V2 usw.

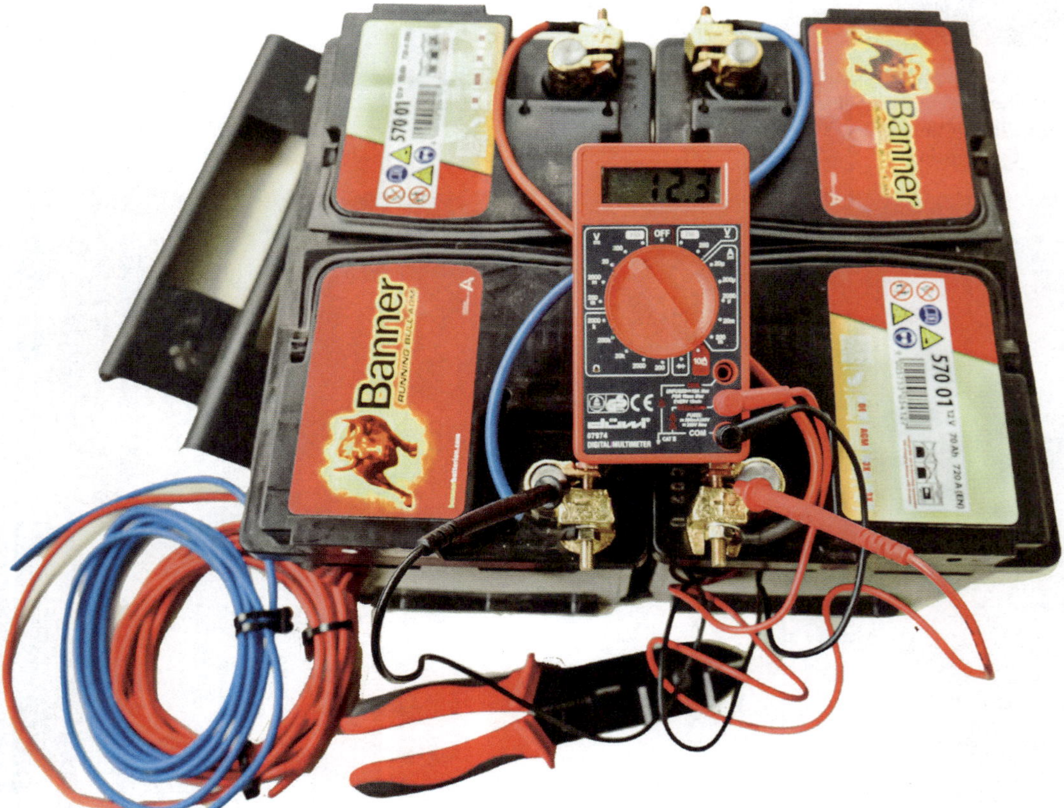

Werden zwei oder mehrere Batterien parallel zusammengeschlossen, bleibt die Spannung gleich.

Die Amperestunden der Akkus werden demnach addiert, während die Spannung, also die Volt-Zahl, gleichbleibt.

Beim Verbinden der beiden Batterien ist jedoch größte Vorsicht geboten. Werden die falschen Pole aufeinander geklemmt, dauert es nur den Bruchteil von Sekunden und das Kabel glüht hellrot, während die Isolierung sich in übel stinkendenden Rauch und schmierigen Flüssigkunststoff auflöst. Hat man Pech, verschweißen sich zusätzlich Klemme und Pol miteinander. Das Ganze dann mit den Händen zu berühren, sollte man tunlichst vermeiden, sofern man nicht auf Brandzeichen steht. Passiert das, kann man den Akku danach in der Regel entsorgen, da die Zellen einen sogenannten Zellenschluss erlitten haben und nicht mehr funktionieren. ■

Mit Glück passen beide Batterien in den Motorraum. Wenn nicht, muss die zweite im Fahrzeug untergebracht werden.

Werden die Pole der Batterien falsch verbunden, fangen die Kabel innerhalb von Sekunden an zu glühen. Die Batterien sind danach in der Regel unbrauchbar.

Elektronische EINGRIFFE &

FAHR-PROGRAMME

Elektronische Eingriffe und Fahrprogramme

Modernere Fahrzeuge verfügen häufig über verschiedene elektronische Helferlein. Das reicht von der Bergabfahrhilfe über den automatischen Bremseingriff, wenn ein Rad durchdreht, bis hin zu komplexen Geländeprogrammen für Sand, Schlamm, Schnee oder felsiges Gelände. Manche werden per Schalter aktiviert, andere vollautomatisch. Bei manchen Fahrzeugen werden daher auch Achs- oder Mitteldifferenzialsperren über die Fahrzeugelektronik des jeweiligen Fahrprogramms selbsttätig geschaltet, ohne dass der Fahrer die Möglichkeit hat einzugreifen. Im Folgenden liste ich die wichtigsten dieser Helfer und Fahrprogramme auf.

Bergabfahrhilfe

Die Bergabfahrhilfe, oder Hill Descent Control, gibt es in einigen Fahrzeugen schon länger. Sie wird in der Regel über einen Schalter aktiviert und sorgt dafür, dass das Fahrzeug bei der Bergabfahrt nicht zu schnell wird.

Die Bergabfahrhilfe wird per Tastendruck aktiviert. Sie sorgt dafür, dass das Fahrzeug bergab sicher gebremst wird.

Das ist vor allem bei Fahrzeugen mit Automatikgetriebe sinnvoll, da sie bergab, selbst im ersten Gang und der Untersetzung, in der Regel nicht genug Motorbremswirkung bereitstellen. Die aktivierte Bergabfahrhilfe bremst bei Bedarf die einzelnen Räder kurz ab und sorgt dafür, dass das Fahrzeug nicht ins Rutschen gerät.

Berganfahrhilfe

Auch sie gibt es schon länger in vielen Fahrzeugen. Will man am Berg anfahren und nimmt den Fuß von der Bremse, hält der Berganfahrassistent das Fahrzeug für ungefähr drei Sekunden weiter auf der Stelle. Das Hantieren mit der Handbremse entfällt dadurch, und man hat genügend Zeit, um aufs Gas zu treten und anzufahren.

Automatischer Bremseingriff

Dreht im Gelände das Rad einer Achse durch, bleibt das andere stehen, sofern das Fahrzeug an der betreffenden Achse nicht über eine Achssperre verfügt. Der automatische Bremseingriff, auch als Traktionskontrolle bezeichnet, sorgt dafür, dass das durchdrehende Rad kurz abgebremst wird, damit das andere Rad über das Differential wieder angetrieben werden kann. Damit wirkt der automatische Bremseingriff zwar ähnlich wie eine Achssperre, bremst jedoch alle durchdrehenden Räder im schlechtesten Fall so lange herunter, bis das Fahrzeug zum Stillstand kommt.

Rechts: **Der automatische Bremseingriff sorgt dafür, dass ein durchdrehendes Rad kurzzeitig abgebremst wird. Dadurch wird auch das andere Rad wieder angetrieben.**

AXON
RO KM 1717

Vorreiter für elektronische Fahrprogramme war die Firma Land Rover. Mittlerweile finden sich ähnliche Fahrprogramme auch in Geländefahrzeugen anderer Marken

Automatische Fahrprogramme

Vorreiter für dieses Assistenzsystem war Land Rover. Unter dem Namen »Terrain Response System« wurde es nach und nach in verschiedene Fahrzeuge der Marke eingebaut und immer weiter verfeinert. Mittlerweile finden sich ähnliche Fahrprogramme auch in Geländefahrzeugen anderer Marken. Die elektronischen Fahrprogramme steuern unter anderem Dinge wie die Kraftverteilung des Allradantriebs, nehmen Einfluss auf das elektronische Stabilitätsprogramm und regulieren bei vorhandener Luftfederung auch die Fahrzeughöhe. Auch Mitteldifferential- und Achssperren werden darüber gesteuert.

Der Fahrer muss dabei nur noch darüber entscheiden, welches der Programme wie Rock, Sand, Mud oder Snow er wählen will. Aber auch diese Entscheidung können ihm manche Fahrzeuge abnehmen. Stellt man den Modus »Auto« ein, muss man im Prinzip nur noch Gas geben, bremsen und lenken. Den Rest erledigt dann das Fahrzeug von ganz allein.

Außenkameras ermöglichen dem Fahrer einen Blick nach außen, ohne sich aus dem Fenster beugen zu müssen.

Außenkameras

Rückfahrkameras an Fahrzeugen kennt man ebenfalls schon länger. Bei einigen Offroadern befinden sich mittlerweile aber auch Kameras an der Unterseite der Seitenspiegel und an der Fahrzeugfront. Damit können die Bereiche vor und neben dem Fahrzeug über einen Bildschirm, der sich meist in der Mittelkonsole befindet, gesehen werden, ohne dass man sich dabei aus dem Fenster lehnen muss. Das ist vor allem auf der Beifahrerseite hilfreich, wenn man allein im Auto sitzt. Aber auch bei Bergauffahrten hilft eine Kamera dabei, den Bereich vor dem Fahrzeug sehen zu können. Durch die Windschutzscheibe sieht man in dieser Situation nämlich nur den Himmel.
Die Einstellungen für die Ansicht sind häufig wählbar. So kann man zum Beispiel direkt sehen, was die einzelnen Kameras aufnehmen, man kann das Fahrzeug zum Beispiel aber auch beim Fahren aus der Vogelperspektive betrachten. Der Blick auf Dach und Motorhaube wird dabei elektronisch erzeugt, die Bilder rund um das Fahrzeug kommen von den Kameras.

In schwierigen Fahrsituationen sollte man sich aber unter Umständen nur bedingt auf die Kameras verlassen. Denn nicht immer zeigt die Anzeige genau das, was man selbst, ein Beifahrer oder ein außen stehender Einweiser sieht. So werden zum Beispiel die Räder manchmal ein ganz klein wenig neben der Spur angezeigt. Daher sollte man im Vorfeld genau prüfen, wie gut die Anzeige der Kameras des eigenen Fahrzeugs tatsächlich ist, bevor man sich in einer brenzligen Situation darauf verlässt. Das kann man jedoch gut auf einem Feldweg oder der Straße überprüfen, wenn man nah an den Rand des Feldwegs oder den Randstein fährt.

Elektronisches Stabilitätsprogramm

Das elektronische Stabilitätsprogramm, kurz ESP, soll beim Fahren auf der Straße verhindern, dass das Fahrzeug ins Schleudern gerät. Dafür werden bei Bedarf die Motorkraft reduziert und – wenn notwendig – zusätzlich einzelne Räder abgebremst, um die Stabilität des Fahrzeugs wieder herzustellen. Innerhalb der Grenzen der Physik bleibt das Fahrzeug so sicher in der gewünschten Spur. Beim Fahren im Gelände kann das Eingreifen des ESP jedoch genau den gegenteiligen Effekt haben und die Fahrstabilität negativ beeinträchtigen. Daher wird es meist mit dem Einlegen des Allradantriebs oder entsprechender Offroad-Programme automatisch abgeschaltet.

Das ESP hilft beim Fahren auf der Straße. Im Gelände ist es unerwünscht und kann abgeschaltet werden.

Antiblockiersystem

Das Antiblockiersystem (ABS) sorgt dafür, dass die Räder bei voll getretener Bremse nicht komplett blockieren, sondern immer wieder sehr kurz von der Bremse freigegeben werden. Das reduziert den Bremsweg. Jedoch ist auch der Effekt des ABS im Gelände von Nachteil. Daher wird es bei neueren Fahrzeugen ebenfalls automatisch abgeschaltet, wenn man den Allradantrieb oder ein entsprechendes Programm wählt. Erfahrene Geländewagenfahrer älterer Fahrzeuge, die noch nicht über die Möglichkeit der automatischen Abschaltung verfügen, ziehen daher oft die Sicherung des ABS, bevor es ins Gelände geht. In den USA gab es im Jeep-Zubehörhandel dafür sogar Sicherungen mit eingebautem Ein- und Ausschalter, die aber nicht mit den Sicherungen mit Resetschalter verwechselt werden sollten, die man auch hierzulande bekommt. Sie dienen lediglich dafür, dass man die Sicherung über einen Schalter wieder aktivieren kann und sie nicht austauschen muss.

Reifendruckanzeige

Modernere Fahrzeuge wie der Jimny GJ verfügen über eine Reifendruckanzeige, die alarmiert, wenn der Druck unter einen voreinstellbaren Wert fällt. Lässt man im Gelände Druck ab, kann die Anzeige aber störend sein. ■

Ist der Druck in einem Reifen zu niedrig, warnt die Reifendruckanzeige den Fahrer über eine Anzeige im Display.

CAME
TROPHY
B636 CO

ZUBEHÖR & SONSTIGES

Zusätzliche Beleuchtung

Manchmal reicht die Standardbeleuchtung eines Fahrzeugs einfach nicht aus und es darf gern etwas mehr Licht sein. Das gilt nicht nur für die Sichtfelder vor dem Auto, sondern auch für die nach hinten und manchmal auch zu den Seiten hin. Gerade wenn man rund ums Fahrzeug arbeiten will, sollte es auch nachts hell genug sein. In den verschiedenen Zusatzscheinwerfern kamen früher entweder Halogen-Leuchtmittel oder ganz normale 12-Volt-Glühbirnen zum Einsatz.
Doch seit geraumer Zeit hat die LED-Technik endgültig den Einzug in die automobile Welt geschafft. Viele Neufahrzeuge werden bereits ab Werk mit LED-Scheinwerfern ausgestattet. Die LED, die light-emitting-diode, zu Deutsch lichtemittierende Diode oder auch Lumineszenz-Diode, ist ein Halbleiter-Bauelement, das Licht ausstrahlt, wenn elektrischer Strom in Durchlassrichtung fließt. LED-Scheinwerfer sind energiesparender und strahlen dabei heller als nahezu alle anderen vom Menschen erfundenen Lichtquellen. Interessant ist auch, dass die LED mit einer Eingangsspannung zwischen 9 und 36 Volt betrieben werden kann. Damit lassen sich die Scheinwerfer sowohl an Fahrzeugen mit 12- als auch mit 24-Volt-Netz betreiben, also an Pkw und Lkw gleichermaßen montieren. Allerdings ist bei der Montage von LED-Scheinwerfern zu beachten, dass die Plus- und Minus-Kabel richtig angeschlossen werden müssen. Während es der guten alten Glühbirne herzlich egal war, auf welchem Anschluss der Strom reinkommt und auf welchem er wieder rausfließt, nimmt es die LED da sehr genau. Falsch herum angeschlossen wird es nicht hell. Der Markt bietet mittlerweile eine Vielzahl an Möglich-

keiten, moderne LED-Beleuchtung ans Auto zu schrauben. Daher konzentriere ich mich bei den folgenden Erklärungen zu den einzelnen Scheinwerfertypen zum Teil eher darauf, denn bei manchen älteren Fahrzeugen lassen sich auch die Hauptscheinwerfer auf LED-Technik umrüsten.

Die nachfolgend aufgeführten Erklärungen zu den rechtlichen Aspekten gelten ohnehin für alle Scheinwerfer des jeweiligen Typs.

Infos Maßeinheiten

Kelvin

Licht hat unterschiedliche Farbtöne. Sie werden mit dem Begriff Lichttemperatur bezeichnet und in der Einheit Kelvin gemessen. 6500 Kelvin entsprechen dabei einem hellen Sommertag. Scheinwerfer mit einer tageslichtähnlichen Lichttemperatur sorgen dafür, dass das menschliche Auge in der Nacht weniger schnell ermüdet.

Info IP-Schutzklassen

Staub und Wasser können auch Scheinwerfer beschädigen, wenn sie ins Innere dringen. Deshalb sollten sie entsprechend geschützt sein. Den Grad des Schutzes geben sogenannte IP-Schutzklassen an. Dabei werden den Buchstaben IP zwei Kennziffern angehängt. Sie zeigen an, welchen Schutzumfang ein Gehäuse gegenüber Fremdkörpern (erste Kennziffer) und Feuchtigkeit (zweite Kennziffer) hat. Den Bestwert stellt »IP6K9K« dar. Damit ist der Scheinwerfer staub- und wasserdicht – sogar beim Einsatz eines Dampfstrahlers. Die beiden zusätzlichen »Ks« beziehen sich darauf, dass es sich um die Ausrüstung von Straßenfahrzeugen handelt.

Lumen (Lichtstrom)
Lumen ist die physikalische Maßeinheit des Lichtstroms, der von einer Lichtquelle ausgeht. Je höher der Lumen-Wert, desto heller das Licht. Die Größe berücksichtigt die tatsächliche Wahrnehmung des menschlichen Auges. Es nimmt Licht verschiedener Farben unterschiedlich intensiv wahr. So wird eine Lichtquelle, die mit einer Leistung von 1 Watt grünes Licht ausstrahlt, deutlich besser wahrgenommen als eine Lichtquelle, die mit derselben Leistung rotes Licht aussendet. Licht mit der Helligkeit 1 Lumen wird dagegen vom menschlichen Auge immer als gleich hell wahrgenommen, egal welche Farbe es hat. Die Helligkeit eines Scheinwerfers in Lumen ist aber trotzdem nur ein theoretischer Wert, denn er berücksichtigt keine Streuverluste. Eine exakte Angabe liefern nur die Werte der »effektiven« oder »gemessenen« Lumen. Sie geben die tatsächliche Lichtleistung eines Scheinwerfers an – ein Wert, der mit einem aufwändigen Verfahren gemessen werden muss. Diesen Aufwand scheuen viele Hersteller und begnügen sich stattdessen mit der Nennung der theoretischen Lichtleistung.

Candela (Lichtstärke)
Dieser Wert beschreibt den Lichtstrom, der in eine bestimmte Richtung ausgesendet wird.

Lux
Lux ist die Einheit, in der die Beleuchtungsstärke gemessen wird. Sie gibt den Lichtstrom an, der von der Lichtquelle auf eine bestimmte Fläche trifft. Bei 1 Lux kann das menschliche Auge beispielsweise noch ohne Probleme eine Zeitung lesen. Für den Fahrer ist dieser Wert in Abhängigkeit von der Entfernung somit deutlich aussagekräftiger als eine reine Lumenangabe. Denn die die Angabe in Lux setzt die Helligkeit einer Lichtquelle in Lumen (oder Candela) in direkte Verbindung zur tatsächlichen Helligkeit, die diese Lichtquelle auf einer Oberfläche erreichen kann. Die Beleuchtungsstärke ist außerdem nicht nur von der Helligkeit der Lichtquelle, sondern auch vom Lichtbild und der Montagehöhe des Scheinwerfers sowie der Entfernung zum beleuchteten Objekt abhängig.

Watt
Watt ist die physikalische Einheit der Leistung. In Bezug auf Scheinwerfer wird Watt oft fälschlicherweise als Maßeinheit für die Helligkeit verwendet. Der Fehler liegt darin, dass ein Teil der aufgenommenen Leistung nicht als sichtbares Licht, sondern als Wärme abgestrahlt wird – vor allem bei klassischen Leuchtmitteln wie Glühlampen.

Hauptscheinwerfer

Die Fahrer älterer Defender, Wrangler oder Niva kennen das Problem nur zu gut: Die serienmäßigen Scheinwerfer sind eher trübe Funzeln, die kaum wirklich Licht ins Dunkel bringen. Doch gerade bei diesen Modellen gibt es eine Vielzahl an Nachrüst-LED-Scheinwerfern. Grund dafür ist, dass die Fahrzeuge mit gängigen 7-Zoll-Scheinwerfern ausgestattet sind. Solche Umbauten gehen schnell und meistens als »Plug & Play«. Nur bei manchen Modellen sind noch Adapterstecker oder Zusatzmodule notwendig. Sie liegen entweder gleich bei oder können dazubestellt werden.

Deutlich schwieriger ist die Umrüstung der Fahrzeuge, die auf spezifische Scheinwerferformen setzen. Letztlich kommt so etwas nur für Modelle infrage, die ab Werk zumindest als Option mit LED-Licht lieferbar waren – tendenziell also eher junge Fahrzeuge.

Als Ersatzteil ist folglich beim Hersteller ein entsprechendes LED-Scheinwerfermodul verfügbar. Nur: Das ist üblicherweise so teuer, dass ein Austausch bestenfalls im Zuge eine Unfallinstandsetzung infrage kommt. Glücklich dürfen sich hier die Fahrer des Amarok schätzen, denn Osram hat für den VW LED-Komplettscheinwerfer zum Nachrüsten im Sortiment – aber bei den Allradfahrzeugen eben nur für den VW.

Viele ältere Fahrzeuge sind mit 7-Zoll-Scheinwerfern ausgestattet. Sie lassen sich meist problemlos gegen LED-Scheinwerfer tauschen.

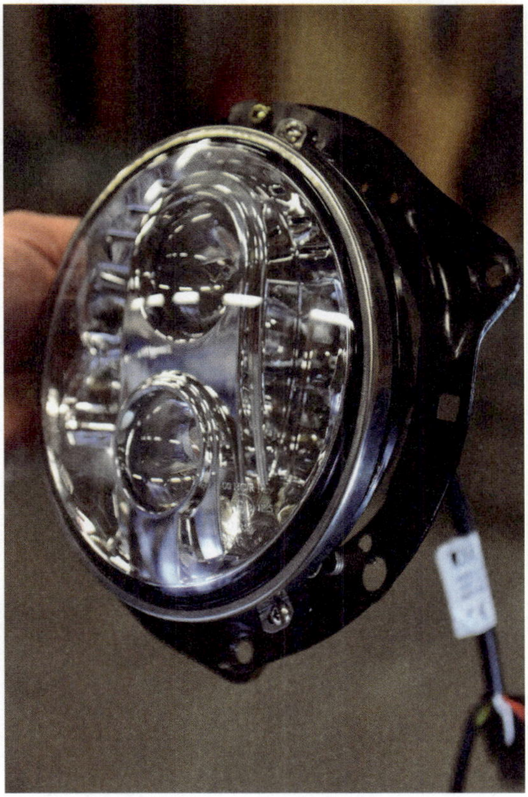

Für die Montage modernerer Scheinwerfer wird häufig zusätzlich ein Adapter benötigt, damit alles passt.

Für den Amarok von VW sind LED-Komplettscheinwerfer von Osram erhältlich. Unter den Geländewagen ist das jedoch die Ausnahme.

Noch recht neu ist ein anderes Angebot von Osram. Der Lichtspezialist bietet für einige handverlesene Fahrzeuge tatsächlich Nachrüst-LED-Leuchtmittel mit H-7-Fassung an, die gegen die alten Birnen getauscht werden können. Vor dem Austausch muss jedoch geprüft werden, ob die »Night Breaker LED« genannte LED-Lampe für das eigene Fahrzeug zugelassen ist. Wenn ja, ist der Einbau kein Problem, man muss aber über einen Link auf der Verpackung die dazu passenden ABG (Allgemeine Bauart Genehmigung) herunterladen, ausdrucken und im Fahrzeug mitführen.

Ebenfalls von Osram stammen LED-Leuchtmittel mit H7-Fassung. Sie sind jedoch nur fahrzeugspezifisch zugelassen und die ABE muss mitgeführt werden.

Derzeit können sich jedoch vor allem Fahrer von Allradtransportern wie VW Crafter, MAN TGE, Fiat Ducato und Mercedes Sprinter freuen. Die Liste wird jedoch ständig erweitert.

Rechtliches zum Thema **Hauptscheinwerfer**
Wichtig bei der Umrüstung ist, dass die verwendeten Scheinwerfer rechtlich zulässig sind und über die passende ECE-Zulassung verfügen. Erkennbar ist das durch das E-Prüfzeichen, das in der Scheibe des Scheinwerfers zu finden sein muss. Will man in Europa legal unterwegs bleiben, geht ohne E-Prüfzeichen im Scheinwerferglas gar nichts. Das Prüfzeichen kann von allen Mitgliedsstaaten des sogenannten ECE-Rechtskreises ausgegeben werden. Die Ziffer hinter dem »E« zeigt dabei an, von welchem der Mitgliedsstaaten es ausgegeben wurde. Insgesamt sind 62 Staaten beteiligt, wobei die Nummer 42 für die Europäische Union steht, die selbst keine Genehmigungen erteilt. Geprüft wird von den einzelnen Mitgliedsstaaten. Die jeweiligen Genehmigungen sind dann auch für alle übrigen Mitglieder gültig.

Das Gute daran: Haben die Scheinwerfer die Prüfung bestanden, benötigt man dafür keine Eintragung in die Fahrzeugpapiere, man muss keine ABG oder ABE mitführen. Da Scheinwerfer zu den Fahrzeugbauteilen gehören, die eine eigene Prüfung benötigen, damit sie in Verkehr gebracht werden können, wie es im Beamtendeutsch so schön heißt, dürfen sie nach bestandener Prüfung auch montiert werden. Dabei ist jedoch darauf zu achten, dass sie auch nach den geltenden Vorschriften eingebaut werden und funktionieren. So muss zum Beispiel die Leuchtweitenregulierung weiterhin uneingeschränkt funktionstüchtig sein.

Lässt sich der neue Scheinwerfer also problemlos gegen den alten austauschen und in die Originalhalterung schrauben, braucht man nichts weiter tun. Wird jedoch eine neue Halterung konstruiert oder der Scheinwerfer in eine Seilwindenstoßstange, wie sie zum Beispiel für den Unimog erhältlich ist, eingebaut, muss dies geprüft und eingetragen werden. Der TÜV-Prüfer hat dann aber lediglich Dinge wie den korrekten Einbau, die Funktionen und die Verkehrssicherheit zu prüfen, nicht aber den Scheinwerfer selbst, der ja schon über eine Freigabe verfügt.

12 oder 24 Volt?
Der LED ist es egal. Auch die 24-Volt-Fraktion kann problemlos umrüsten. Wenn der Lkw über 7-Zoll-Hauptscheinwerfer verfügt, dann mit den gleichen Scheinwerfern, wie sie in Land Rover, Jeep & Co. zum Einsatz kommen. Nimmt es die LED nämlich beim Anschluss sehr genau, ist sie bei der Spannung nicht kleinlich. Die LED verwandelt von 9 bis 36 Volt alles in Licht.
Neben den Siebenzöllern, die bei einigen älteren Lkw-Modellen meist problemlos gegen die Originalscheinwerfer ausgetauscht werden, sind aber auch zugelassene Einbauscheinwerfer in anderen Größen und Formen erhältlich. So bietet zum Beispiel die Firma Scheinwerfer Luxx komplette Einbaukits für den Unimog U1300L und den in der Reise-Lkw-Szene beliebten Iveco 90-16 an. Einen anderen Weg geht Unimog-Spezialist Atlas4x4. Hier sind wahlweise Bi-LED-Halterungen für den Originalstoßfänger oder eine komplette Seilwindenstoßstange mit passender Scheinwerferaufnahme zu haben.

LED-Scheinwerfer lassen sich auch problemlos am Lkw montieren. Der LED ist es egal, ob sie mit 12 oder mit 24 Volt betrieben wird.

Zusatz-Fernscheinwerfer

Je weiter man bei Nacht sehen kann, umso sicherer ist man unterwegs. Schon frühzeitig zu erkennen, dass eine Kurve kommt oder ein Ast auf der Straße liegt, hilft natürlich dabei, Unfälle zu vermeiden. Hat man keinen Gegenverkehr, hilft das serienmäßige Fernlicht, weiter vor das Fahrzeug schauen zu können. Doch gerade auf dunklen Landstraßen oder bei nasser Straße kommt schnell der Gedanke auf, dass das Licht doch ruhig noch ein paar Meter weiter scheinen könnte. Für diesen Fall hat der Gesetzgeber glücklicherweise die Möglichkeit geschaffen, zusätzliche Fernscheinwerfer am Fahrzeug montieren zu dürfen. Während zusätzliche Abblendlichter nicht gestattet sind, dürfen sich insgesamt vier Fernscheinwerfer am Auto befinden. Zu den zwei zwingend vorhandenen dürfen also noch zwei weitere montiert werden. Die Fernlichtscheinwerfer können so geschaltet werden, dass sie entweder gleichzeitig oder paarweise brennen. Hat man mehr zusätzliche Fernscheinwerfer, zum Beispiel für die Teilnahme an Offroad-Rallyes, montiert, dürfen im Straßenverkehr nicht mehr als zwei Paare gleichzeitig leuchten. Schaltet man von Abblend- auf Fernlicht um, muss mindestens ein Paar angehen, das zweite kann dazu geschaltet werden. Das Abblendlicht darf dabei übrigens brennen bleiben.

Zwei zusätzliche Fernscheinwerfer am Fahrzeug sind erlaubt. Die vier Fernlichter können paarweise eingeschaltet werden, müssen aber alle gleichzeitig ausgehen.

Anders verhält es sich beim Abblenden. Hier müssen alle Fernscheinwerfer gleichzeitig ausgehen.
Gerade bei den Zusatz-Fernscheinwerfern findet man im Zubehörhandel eine große Auswahl. Allerdings ist Zusatz-Fernscheinwerfer nicht gleich Zusatz-Fernscheinwerfer, die verschiedenen Modelle unterschieden sind zum Teil stark in der Leuchtweite und in der Streuung des Lichts. Will man Fernscheinwerfer nachrüsten, ist man also gut beraten, sich vor dem Kauf genau zu informieren, was die in Betracht kommenden Modell leisten.

Rechtliches zum Thema **Montage Zusatz-Fernscheinwerfer**

Der Anbau muss auf gleicher Höhe und symmetrisch zur Fahrzeugmitte erfolgen. Beim Einschalten müssen die Schlussleuchten, die Kennzeichenbeleuchtung und die blaue Fernlicht-Kontrollleuchte aufleuchten. Fernlichter dürfen nur paarweise angeschaltet werden und müssen über weißes Licht verfügen. Beim Einschalten des Fernlichts muss also in jedem Fall ein Paar Fernscheinwerfer leuchten. Das zweite Paar kann gleichgeschaltet sein, kann aber auch separat zugeschaltet werden, allerdings nur als Paar und nicht einzeln. Beim Ausschalten des Fernlichts müssen in jedem Fall immer alle vier Scheinwerfer erlöschen.

Referenzzahl

Will man Zusatz-Fernscheinwerfer montieren, spielt die Referenzzahl (Ref.) eine Rolle – ein Wert, der sich auf Fernlichtscheinwerfer bezieht. Nach der ECE-Regelung darf die Summe der am Fahrzeug montierten Fernlichtscheinwerfer die Obergrenze von 100 pro Fahrzeug nicht überschreiten. Gezählt werden hier die beiden Werte des serienmäßigen Fernlichts (linker und rechter Hauptscheinwerfer) zuzüglich der Werte weiterer montierter Fernscheinwerfer. Der Wert ist auf der Streuscheibe zugelassener Scheinwerfer links oder rechts des E-Zeichens eingetragen. Mehr als vier Fernscheinwerfer dürfen es in Summe allerdings auch dann nicht sein, wenn der Wert der vier Scheinwerfer noch unter 100 liegt.

Grafik Patrik Nadler

Nebelscheinwerfer

Früher einmal hat man eckige oder runde Nebelscheinwerfer unter Serien-Chromstoßstangen geschraubt. Heute bieten viele serienmäßige Kunststoffstoßfänger aber gerade auch Nachrüst-Bumper und Seilwindenstoßstangen die Möglichkeit, nachträglich Nebelleuchten einzubauen – wenn sie ab Werk nicht enthalten sind. Bei manchen Modellen ist auch gleich ein Tagfahrlicht integriert, beispielsweise beim Suzuki Jimny GJ.

Und natürlich gibt es nach wie vor die Möglichkeit, die »Nebler« einfach unter die Stoßstange zu schrauben. Modelle, denen die passenden Montagesets beiliegen, gibt es mehr als genug. Nebelscheinwerfer sind generell unter dem Abblendlicht anzubringen, eine Vorschrift, die sinnvoll ist, sollen sie doch den Nebel unterwandern. Ob man sie weiter außen oder eher zur Fahrzeugmitte hin montiert, bleibt vor allem den Möglichkeiten überlassen. Schraubt man sie jedoch mehr als 40 Zentimeter von der breitesten Stelle des Fahrzeugs entfernt an den Wagen, sind sie so zu schalten, dass sie nur zusammen mit dem Abblendlicht leuchten, damit andere Verkehrsteilnehmer die Fahrzeugbreite auch bei Dunkelheit und Nebel erkennen können. Andersherum: Sind die Nebelscheinwerfer unter dem Abblendlicht angebracht, wie beim aktuellen Jimny, dürfen sie auch leuchten, wenn das Abblendlicht ausgeschaltet ist.

Bei manchen Nebelscheinwerfern ist das Tagfahrlicht gleich integriert. LED-Leuchten (links) sind deutlich weißer und heller.

Der Unterschied zwischen Halogen- und LED-Scheinwerfern ist mehr als deutlich.

Rechtliches zum Thema **Nebelscheinwerfer**
Auch hier gilt, dass nur Scheinwerfer mit ECE-Prüfzeichen montiert werden dürfen. Im Gegensatz zu den übrigen Scheinwerfern am Fahrzeug darf ihr Licht auch gelb sein. Auch sie dürfen jedoch nur paarweise montiert werden. Und natürlich dürfen sie andere Verkehrsteilnehmer nicht blenden. Außerdem darf ihre Lichtstärke in einer Entfernung von 25 Metern auf senkrechter Ebene in Höhe der Scheinwerfer nicht mehr als 1 Lux betragen. Die deutsche Straßenverkehrsordnung besagt überdies, dass sie nur bei erheblicher Sichtbehinderung durch Regen, Nebel oder Schneefall einzuschalten sind. Eine Benutzung ohne erhebliche witterungsbedingte Sichtbehinderung ist nicht erlaubt.

Rückfahrscheinwerfer

Ein Rückfahrlicht am Fahrzeug ist zwar vorgeschrieben, aber so richtig hell hinter dem Auto machen die meisten davon nicht. Eine zusätzliche Lichtquelle beim Fahren nach hinten kann also nicht schaden Die Höhe, in der sie angebracht werden darf, ist geregelt, lässt allerdings viel Spielraum. Daher lassen sich zusätzliche Leuchten zum Beispiel an der Stoßstange, am Träger des Ersatzrads oder direkt am Blech des Fahrzeugs anbringen, wenn der Platz vorhanden ist. Geschaltet wird sie dann zusammen mit dem Rückfahrscheinwerfer. Im Handel sind neben reinen Rückfahrscheinwerfern auch diverse Arbeitsscheinwerfer erhältlich, die über eine Zulassung als Rückfahrscheinwerfer verfügen.

Rechtliches zum Thema **Rückfahrscheinwerfer**
Die Buchstaben-Zahlen-Kombination, die beim Licht nach hinten für die Straßenzulassung sorgt, lautet R23, natürlich wieder in Verbindung mit der Buchstabenkombination ECE. Sie dürfen nur bei eingelegtem Rückwärtsgang leuchten. Rückfahrscheinwerfer können im Bereich von 250 und 1200 Millimetern über dem Boden am Fahrzeug montiert werden, und sie dürfen die Fahrbahn nicht weiter als 10 Meter hinter dem Fahrzeug beleuchten.

Manche Arbeitsscheinwerfer verfügen auch über eine Zulassung als Rückfahrscheinwerfer. Dafür benötigen sie die ECE-Nummer R23.

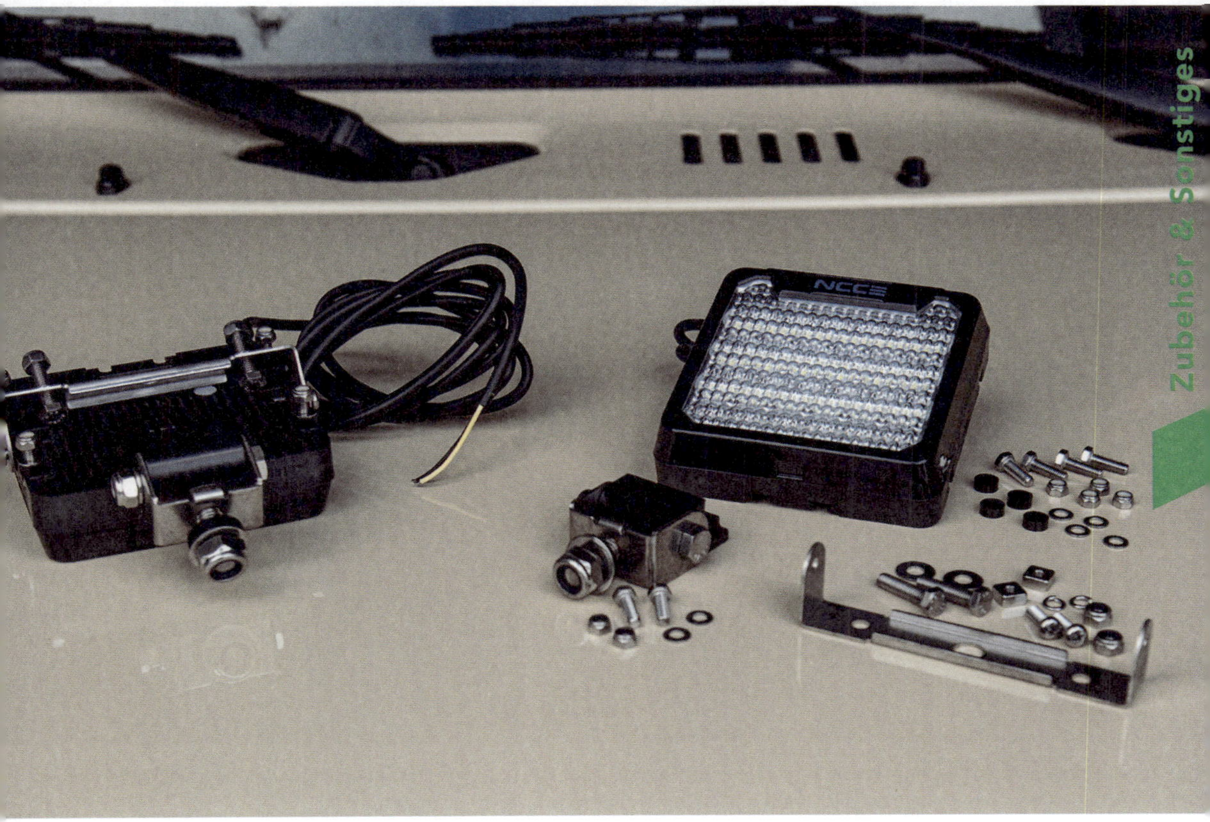

Arbeitsscheinwerfer

Es gibt unzählige Gelegenheiten, bei denen man einfach mehr Licht rund um das Fahrzeug benötigt. Denn welcher Offroader kennt sie nicht, die Situationen, in denen man bei Nacht mit zwischen den Zähnen geklemmter Taschenlampe versucht, Knoten zu öffnen, Bergegurte anzubringen, einen Ankerpunkt für die Seilwinde zu finden, Gurte richtig über die Ladung auf Pickup-Pritsche oder Anhänger zu spannen oder nach dem Abend am gemütlichen Lagerfeuer das Camping-Equipment wieder möglichst komplett in den Reise-Offroader zu packen? Und wie oft haben manche schon einen runtergefallenen Schäkel oder andere Dinge verloren, weil sie diese in der Dunkelheit einfach nicht wieder gefunden haben. Egal ob es um das Beladen, eine Bergesituation oder sonstige Arbeiten bei Nacht geht: Arbeitsscheinwerfer helfen dabei ungemein. Und da sie sich sowohl vorn, seitlich als auch hinten am Fahrzeug anbringen lassen, wird es rund um das Fahrzeug ordentlich hell. Wo man sie am Fahrzeug anbringt, kommt häufig auf die Montagemög-

Arbeitsscheinwerfer können eine sinnvolle zusätzliche Lichtquelle sein, wenn man oft nachts am Fahrzeug zu tun hat. Sie müssen separat zu schalten sein und dürfen im Straßenverkehr nicht genutzt werden.

lichkeiten an. Vor allem → Dachträger bieten sich dafür an. Der Dachträger muss dann jedoch dauerhaft auf dem Fahrzeug bleiben. Will man das nicht, müssen eventuell Löcher in Stoßstangen oder Karosserie gebohrt werden, die dann gegen Rost geschützt werden sollten.

Rechtliches zum Thema **Arbeitsscheinwerfer**
Die Bestimmungen zu Arbeitsscheinwerfern sind in § 52 StVZO geregelt. Wichtigster Punkt hierbei: Sie dürfen während der Fahrt nicht eingeschaltet sein. Laut Bußgeldtabelle zu § 52 wird ein Verstoß mit 15 Euro geahndet. Grundsätzlich dürfen Arbeitsscheinwerfer nur dann eingeschaltet werden, wenn sie andere Verkehrsteilnehmer nicht blenden. Ein verantwortungsvoller Umgang mit den extrem hellen, oft recht hoch angebrachten LED-Zusatzscheinwerfern sollte selbstverständlich sein. Andere Verkehrsteilnehmer zu blenden, kann zu folgenschweren Unfällen führen.

Fluter, Spots & Lightbars

Vor allem bei den LED-Zusatzscheinwerfern unterscheidet man zwischen »Floodlight« und »Spotbeam«, häufig auch nur als »Flood« und »Beam« bezeichnet. Also zwischen breit streuendem Flutlicht und weit scheinendem Spotlicht, das den Lichtstrahl eng bündelt. Für was man sich entscheidet, kommt auf den Einsatzzweck an. Benötigt man ein Arbeitslicht nach hinten, weil man öfter im dunklen Anhänger be- und entladen muss, kommt dafür eher ein Fluter in Frage. Benötigt man auf der Offroad-Tour Licht, das möglichst weit nach vorn strahlt, sollte es dagegen eher der Strahler sein.

Beide Arten sind als einzelne Scheinwerfer zu bekommen, aber auch in Kombination. Die Formen reichen von rund bis eckig, die Größen von eher klein bis relativ groß. In der Breite reichen sie von eher schmal

Manche Zusatzscheinwerfer lassen sich auch mit einer App über das Handy steuern. Praktisch beim Camping oder wenn man außen am Fahrzeug arbeitet.

bis über einen Meter breit. Die breiteren Modelle werden als Lightbar oder Lichtbalken bezeichnet. Sie sind mittlerweile auch als zugelassene Zusatz-Fernscheinwerfer zu bekommen. Obwohl nur ein Bauteil, sind die beiden Seiten getrennt, somit gelten sie als Scheinwerferpaar.

Dachträger

Mit einem Dachträger lässt sich alles, was nicht ins Fahrzeug passt, obendrauf verstauen. Sie werden von verschiedenen Herstellern für die unterschiedlichen Fahrzeuge angeboten. Daher gibt es ein paar Dinge

zu beachten, wenn man den Platz auf dem Fahrzeugdach für Ladung nutzen will. Klar ist, dass der Träger zum Fahrzeug passen muss und sich auch sicher darauf befestigen lässt. Denn es gilt: Was auf einen VW Amarok passt, lässt sich nicht problemlos auch auf jedem anderen Pickup montieren, der Dachträger vom alten Land Rover Defender passt nicht auf den New Defender und der vom Jeep Wrangler nicht auf den Suzuki Jimny – schon allein wegen der Fahrzeugbreite nicht. Die Dachformen der verschiedenen Fahrzeugmodelle, und damit die Möglichkeiten den Träger auch sicher zu befestigen, sind zu unterschiedlich. Einfach den nächstbesten Dachträger zu montieren, funktioniert also nicht. So groß die Auswahl an Trägersystemen, die der Zubehörmarkt bietet, insgesamt ist: Die Möglichkeiten der Befestigung schränken die Auswahl für das eigene Fahrzeug wieder etwas ein.

Wobei man das etwas einschränken muss, denn viele Hersteller von Dachträgern bieten zu einer Dachplattform, die sie zum Teil in unterschiedlichen Abmessungen anbieten, verschiedene Fußkits für die unterschiedlichen Fahrzeugen an. Man wählt also eine in der Größe passende Dachplattform aus und kombiniert sie mit dem zum Fahrzeug passenden Montageset. Das hat außerdem den Vorteil, dass man nur ein neues Fußkit kaufen muss,

Das Montagematerial für einen Dachträger muss auch zum jeweiligen Fahrzeug passen. Der Dachträger muss ausreichend sicher befestigt werden können.

Die meisten Dachplattformen lassen sich für mehrere Fahrzeuge nutzen. Dafür muss lediglich ein anderes, passendes Fußkit montiert werden.

wenn man auf ein anderes Fahrzeug wechselt, nicht aber den kompletten Dachträger. Außerdem könnte man eine derartige Plattform auch für mehrere Fahrzeuge nutzen, beim Wechsel müssen dann eben nur die Montagekits umgeschraubt werden.

Wichtiger Punkt bei der Montage ist die vom Fahrzeughersteller freigegebene Dachlast. Dabei handelt es sich um die dynamische Last, also die Last, die beim Fahren unbedenklich ist. Steht das Fahrzeug, spielt sie keine Rolle. Beträgt die zulässige Dachlast also beispielsweise 50 Kilo und wiegen Dachträger und Dachzelt zusammen 50 Kilo, kann man damit unbedenklich fahren. Da das Fahrzeug zum Schlafen im Zelt jedoch steht, kann das Dach auch höher belastet werden. Darin mit zwei Personen zu schlafen, ist also kein Problem.

Neben der Tatsache, dass der Träger auch zum Fahrzeug passen und sicher zu montieren sein muss, sollte man auch beachten, dass ein Dachträger den Kraftstoffverbrauch erhöht. Der zusätzliche Luftwiderstand fordert seinen Preis. Manche Hersteller bieten daher Windleitbleche an, die diesen Effekt minimieren sollen. Erhöht bleibt der Spritverbrauch dennoch. Benötigt man ihn nicht,

Die vom Hersteller freigegeben Dachlast ist die sogenannte dynamische Last. Im Stand darf die Dachlast um ein Vielfaches höher sein.

sollte man ihn daher abnehmen und erst dann wieder montieren, wenn er gebraucht wird. Und auch wenn es cool und nach Abenteuer aussieht, wenn man Alukisten und andere Ausrüstung im Alltag obendrauf spazieren fährt: Sinnvoll ist es nicht, da es den Kraftstoffverbrauch nochmal zusätzlich in die Höhe treibt.

Doch es gibt auch andere Dinge zu beachten, wenn man einen Dachträger montiert und Lasten aufs Dach packt. Da ist vor allem die Verlagerung des Schwerpunkts.

Mit viel Ladung auf dem Dach wandert er weiter nach oben – unter Umständen sehr weit nach oben. Dabei gilt: Je schwerer die Last auf dem Dach ist, umso höher ist der Schwerpunkt des Fahrzeugs. Zwei volle 20-Liter-Kanister samt Halterung zum Beispiel bringen rund 50 Kilo auf die Waage. Eine Alukiste mit Werkzeug und Bergeausrüstung wie etwa Gurte, Stahlschäkel und Umlenkrollen, ist ebenfalls schnell ganz ordentlich schwer. Und auch der Hi-Lift oder ein Ersatzrad wiegen relativ viel. Das hat Folgen: Das Kurvenverhalten wird schlechter, vor allem aber verringert sich der Kippwinkel im Gelände. Der Wagen wird sich also in der Kurve viel eher zur Seite neigen, wird im Gelände bei Schrägfahrten viel früher kippen als ein Wagen ohne Dachträger und Ladung darauf. Wenn möglich sollte man also die leichten Dinge nach oben packen und die schweren Sachen möglichst tief im Wagen verstauen.

Außerdem sollte man beim Kauf eines Dachträgers darauf achten, welche Möglichkeiten er bietet, Ladung sicher zu verzurren oder zu befestigen. Einige Anbieter haben eine breite Palette an Zubehör im Programm, mit dem sich Kanister, Räder, Wagenheber oder Schaufeln befestigen lassen. Doch so reizvoll

Alles, was auf dem Dach transportiert wird, muss ausreichend gesichert sein. Außerdem ist zu beachten, dass der Fahrzeugschwerpunkt nach oben wandert.

das zunächst klingt: Auch das bedeutet natürlich zusätzliches Gewicht, das einzuplanen ist. Und last, but not least, sollte man in jedem Fall in einen Satz ordentlicher Zurrgurte investieren. Schließlich soll sich die Ladung nicht beim nächsten Bremsmanöver oder in der Kurve selbstständig machen.

Zu beachten:

- Ist die Dachlast des Fahrzeugs ausreichend für die vorgesehenen Lasten?
- Passen der Dachträger und das Montagezubehör zum Fahrzeug?
- Hat der Dachträger genügend Zurrpunkte oder gibt es ausreichend Zubehör, mit dem die Ladung gesichert werden kann?
- Wie weit wandert der Schwerpunkt nach oben? Wird das Fahrzeug mit der Last auf dem Dach nicht zu instabil im Gelände?
- Geeignete Mittel zur Ladungssicherung, wie passende Spann- oder Ratschengurte, verwenden. Offene Gurtenden nach dem Spannpunkt sichern und nicht im Fahrtwind flattern lassen. Die Ladung nicht halbherzig mit irgendwelchen Seilen oder zu dünnen Gurten befestigen.
- Lässt das (eventuell vorhandene) Klappdach die Montage eines Dachträgers zu und geht es noch auf, wenn es beladen ist?

Unbedingt vermeiden:

- Zuviel Last auf das Dach laden. Dachlast beachten!
- Ladung auf dem Dachträger nicht ausreichend sichern. Passende Ladungssicherungsmittel verwenden. Zu schnell in Kurven fahren. Durch die Dachlast liegt der Fahrzeugschwerpunkt höher und es besteht Kippgefahr.
- Schrägfahrten im Gelände mit zu steilem Winkel befahren. Auch hier besteht durch den erhöhten Schwerpunkt Kippgefahr.

Dachträgersysteme

Bei den Dachträgersystemen gibt es ein paar Unterschiede. Manche Dachträger bestehen aus einem Stück, bei dem die einzelnen Teile fest miteinander verschweißt sind, bei anderen sind die Teile miteinander verschraubt. Manche Hersteller liefern sie fertig montiert, andere in Einzelteilen, die man selbst zusammensetzen muss. Während die eine Variante weniger Arbeit bedeutet, verursacht die andere niedrigere Versandkosten. Im Folgenden zur Veranschaulichung ein paar Hersteller und ihre Systeme im Überblick:

Manche Dachträgersysteme werden in Einzelteilen geliefert und müssen erst zusammengebaut werden, …

… andere kommen fertig montiert in einem großen Karton. Hier müssen nur noch der Abstand der Querstreben eingestellt und die Füße angeschraubt werden.

Abenteuer4x4 Defender-Dachträger

Die Form des rund 25 Kilo leichten Abenteuer4x4-Dachträgers folgt der charakteristischen Kontur des Defender-Daches. Die Plattform lässt nur wenig Luft zwischen Dach und Dachträger, denn die Aufbauhöhe beträgt lediglich 18 Millimeter, die Optik des Landys bleibt unverändert. Damit erinnert der Dachträger ein wenig an das legendäre Land-Rover-Tropendach. Er ist für den Defender 90, 110 und 110 mit Hubdach erhältlich. Die einteilige Konstruktion wird fest mit dem Originaldach verbunden. Für die Montage werden spezielle Nieten aus dem Solarbau verwendet. Der Hersteller gibt eine Garantie auf Wasserdichtigkeit. Durch den Aluträger wird die Dachschale verstärkt und somit begehbar. Die gezogenen Noppen garantieren auch bei Nässe und Feuchtigkeit einen sicheren Tritt. Vier einteilige, schwarz eloxierte Airline-Schienen über die gesamte Dachlänge bieten Befestigungsmöglichkeiten, ein vorhandenes Sonnendach kann problemlos im Dachträger integriert werden.
www.abenteuer4x4.com

ARB-Baserack

ARB, die drei Buchstaben könnten für »Australisch – Robust – Bewährt« stehen. Denn was die vor über 35 Jahren von Anthony Ronald Brown gegründete Firma als Produkt verlässt, hat nicht nur zahlreiche Inhouse-Test erfolgreich durchlaufen, sondern auch unzählige Meilen im australischen Outback überstanden. So auch die Dachplattformen. Sie bestehen aus Aluminium und sind mit einer UV-beständigen, texturierten Pulverbeschichtung versehen. Passend zum ARB-Baserack sind verschiedene Halterungen für Lightbar, Zusatzscheinwerfer, Markise, Hi-Lift, Bergeboards, Kanister oder das Ersatzrad erhältlich. Eben für alles, was man im Outback dabeihaben sollte.
www.taubenreuther.de

Black-Sheep-Innovations-Dachplattform

Ursprünglich war Black-Sheep-Dachplattform nur für den VW Amarok lieferbar. Mittlerweile hat Thomas Grütter sein Angebot erweitert und bietet seine Lösung auch für den Ford Ranger, die Mercedes X-Klasse und den Toyota Hilux an. Die vollflächig geschlossene und begehbare Dachplattform hat eine geringe Aufbauhöhe von nur 55 Millimetern und wird mit dem Dach verschraubt. Durch die aerodynamische Trägerform sollen Windgeräusche eliminiert werden. Eine Vielzahl von integrierten Airline-Schienen erleichtern das Verzurren der Ladung. An der Front sind Montagepunkte für eine Lightbar oder Zusatzscheinwerfer vorhanden. Der Universalgrundträger, der im Gegensatz zur Dachplattform nur für den Amarok erhältlich ist, ermöglicht die Montage der meisten handelsüblichen Schnellbauprofile oder von Dachkörben, Trägern und Plattformen anderer Hersteller
www.blacksheep-innovations.com

Eezi Awn K9-Dachträger

Südafrika gilt, wie Australien, als eines der Länder, in dem man dort ansässigen Zubehörlieferanten echte Offroad-Kompetenz kaum abspricht. Eezi Awn, einer der größten Anbieter Südafrikas für Offroad-Zubehör, bietet mit der Dachplattform K9 eine komplett verschweißte Plattform an, die in mehreren Größen erhältlich ist. Verschiedene Befestigungskits sorgen dafür, dass sie auf die vor allem in Südafrika gängigen Offroader montiert werden kann. Darunter natürlich Land Cruiser, Hilux und Ford Ranger. Das System ist aber auch für jede Menge andere Offroader erhältlich. Darunter auch neuere Modelle wie den New Defender und den Jimny GJ oder HJ. Die Oberfläche des Trägers ist eben, was die Montage von Dachzelten erleichtert. Durchgehende M8-Systemnuten (im Randprofil M6) erleichtern die

Montage von Zubehör. Zubehör wie Kanisterhalter, Reserveradbefestigung, Hi-Lift-Halter, Markisenbefestigung und ein Tisch, der auch hier unter den Träger geschoben werden kann, komplettieren das System.
www.mehari-offroad.de

Engage4x4-Dachträger
Je schwerer der Dachträger, je weniger darf oder sollte man auf das Dach laden. Daher stand bei der Entwicklung im Pflichtenheft von Engage, das Gewicht für die Dachplattform so gering wie möglich zu halten. Zugleicht sollte ein extrem flexibler Dachträger für Expeditionsfahrzeuge und Fahrzeuge von Organisationen entstehen. Dementsprechend hat man sich für die Entwicklung ein halbes Jahr Zeit gelassen, um das Produkt so perfekt wie möglich zu machen. Der Engage-Dachträger besteht aus Aluminium und verfügt über eine UV-beständige Eloxal-Oberfläche. Die Airline-Systemfräsung erlaubt zusammen mit den umfangreichen Airline-Zubehör-Produkten eine Vielzahl an Befestigungsmöglichkeiten. Außerdem kann eine Reling zur Dachplattform geordert werden. Eine zweite Variante aus Stahl ergänzt das Sortiment.
engage4x4.com

Front Runner Slimline II & Slimsport
Der Hersteller Front-Runner bietet mehrere Dachträgerplattformen an. Neben dem Slimline II, der auch für den New Defender und den aktuellen Sukuki Jimny erhältlich ist, ist auch die Dachplattform Slimsport erhältlich. Sie bietet zwar weniger Funktionalität als der Slimline-II-Dachträger, ist dafür aber preiswerter. Das Seitenprofil des Slimsport besteht lediglich aus einem flachen Blech und muss ohne Nut auskommen. Damit bietet es keine Möglichkeiten Halterungen zu verschrauben und ist nicht so vielfältig nutzbar wie beim Slimline II. Das umfangreiche Front-Runner-Zubehör wie Schaufel- oder Hi-Lift-Halter, verschiedene Sets zur Befestigung von Kisten oder Kanistern oder Fahrrad-, Kajak- und Surfboard-Trägern, lässt sich auf der Dachplattform selbst natürlich dennoch montieren.
www.frontrunneroutfitters.com

GMB Esel
Der Dachträger von GMB heißt nicht zufällig Esel. Das zur Familie der Pferde gehörende Grautier gilt seit jeher als geduldiger und zuverlässiger Lastenträger. Einen Dachträger nach ihm zu benennen, erscheint daher nur logisch. Bei GMB steht der Name jedoch auch als Kurzform für »Erweiterbarer stabiler Expeditions-Lastenträger«. Das System ist modular aufgebaut und kann in Länge und Ausstattung variabel und individuell zusammengestellt werden. Zusätzlich können LED-Strahler oder verschiedene Front- und Heckblenden montiert werden. Die Plattform bietet eine Vielzahl von Zurr- oder Verschraubungspunkten, an denen sich Lasten verzurren zusätzliche Halter montieren oder ein Dachzelt anbringen lassen. Durch seine geringe Aufbauhöhe bleibt die Fahrzeughöhe ohne Beladung moderat.
www.gmb-mount.de

Hansen Styling Parts Black Rock
Der Name hat nichts mit Geld und Finanzen zu tun, und negative Schlagzeilen gibt es auch nicht. Black Rock ist in diesem Fall der Name des Jeep-Dachträgers von Zubehörlieferant Hansen Styling Parts aus Mielkendorf in der Nähe von Kiel. Eingefleischten Jeep-Fahrern ist der Name schon seit vielen Jahren ein Begriff, hatten die Nordlichter doch schon immer einiges an Jeep-Zubehör im Katalog. Der »schwarze Fels« ist für die Jeep-Wrangler-Modelle JK und JL jeweils für den Zwei- und den

Viertürer erhältlich. Ältere Modell gehen leider leer aus. Der Träger für den JK besteht aus Stahl, der für den JL aus Aluminium. Zusätzlich sind Scheinwerferhalterungen für die Montage von Zusatzscheinwerfern oder Lightbars zu bekommen.
www.hansen-styling-parts.de

Horntools Dachträger
Navis, El Portadoor und Ex-Roof, so heißen die Dachträger von Horntools. Den Navis gibt es schon länger, den El Portador ungefähr so lange, wie es den neuen Jimny gibt, denn er ist ausschließlich für den kleinen Suzuki-Geländegänger erhältlich, und der Ex-Roof ist erst seit 2022 im Programm. Er ist für alle gängigen Pickups und Vans zu bekommen. Alle werden aus Aluminium hergestellt und in schwarz pulverbeschichtet. Je nach System hat Horntools umfangreiches Zubehör für Offroad, Camping und auch Handwerk im Programm. Natürlich lassen sich auch Zusatz- oder Arbeitsscheinwerfer montieren, damit man nachts nicht im Dunklen steht – oder fährt.
www.horntools.com

Nakatanenga Cargo-Bear
Der Cargo-Bear von Nakatanenga, ursprünglich als modulares Dachträgersystem für den guten alten Land Rover Defender entwickelt, ist mittlerweile auch für andere Fahrzeuge wie den Suzuki Jimny GJ, die G-Klasse oder den New Defender erhältlich. Durch die einzelnen Module, die miteinander kombiniert werden können, lässt sich mit dem Cargo-Bear die Dachplattform so zusammenstellen, wie sie benötigt wird. Das bietet außerdem die Möglichkeit, den Dachträger später zu erweitern. Beim alten Defender lässt sich der vordere, abgeschrägte Teil des Dachs gerade oder schräg überbauen. Das in die Plattform eingelassene Airline-Raster sorgt für einfaches Verzurren der Ladung und für jede Menge Möglichkeiten, Zubehör anzubringen. An zusätzlichen M6-Gewinden lässt sich darüber hinaus vieles fest verschrauben. Der Cargo-Bear ist »Made in Germany«.
www.nakatanenga.de

Le-Tech
Le-Tech hat sich nicht nur mit spektakulären Umbauten in der Mercedes-G-Szene einen Namen gemacht, sondern ist auch in der Entwicklung und als Zulieferer für die Marke mit dem Stern tätig. So verwundert es kaum, dass Le-Tech auch Dachträger für alle möglichen G-Modelle anbietet. Standard sind Dachplattformen für die G-Modelle 460, 461, 463 und 463A, es können aber auch Träger für Fahrgestelle mit kurzem Fahrerhaus gefertigt werden. Der Träger und die Reling bestehen aus Stahl, die Beplankung aus Alu. Die Beschichtung bis Modelljahr 2018 ist glatt, danach ist sie in Feinstruktur ausgeführt. Das Eigengewicht beträgt etwa 60 Kilo, die Traglast ist, je nach freigegebener Dachlast, mit 110 beziehungsweise 140 Kilo angegeben. Leiter für den Aufstieg, Lampenbügel, Lightbar, diverse Adapter für Dachzelt und Markise, Halterungen für Axt, Schaufel, Sandbleche, Universalbefestigungssätze und vieles mehr runden das Sortiment ab.
www.lennartz-technik.de

ORC Dachträger
Mercedes-Benz-Spezialist ORC hat selbstverständlich auch eine Dachplattform für den G im Programm. Und zwar für den »normalen« und für die PUR-Edition. Der Dachträger für den G besteht aus Aluminium, der für den PUR aus Stahl. Der Aluhalter wiegt, je nach Größe, rund um die 50 Kilo, das Modell aus Stahl liegt bei 100 Kilo. Die Traglast ist bei beiden mit 150 Kilo angegeben. Es kann also ordentlich was draufgepackt werden. Beide sind mit einer schwar-

zen Pulverbeschichtung versehen. Eine Reling, Sand-Board-, HiLift-, Reserverad-, Antennen-, Reservekanister- und Scheinwerferhalter ergänzen das Programm.

www.orc.de

Rameder Dachträger G3 & F.LLI Menabo

Bei Anhängerkupplungsspezialist Rameder sind seit einiger Zeit auch Dachträger im Sortiment. Neben den Trägern G3 und F.LLI Menabo sind auch die Thule-Dachträger erhältlich. Bei allen Systemen handelt es sich um Quertraversen-Dachträger. Dachplattformen sind nicht erhältlich. G3 und Menabo sind als universelle Dachträger konzipiert, die mit passendem Fußkit auf die meisten gängigen Fahrzeuge passen. Auf der Rameder-Webseite kann man die passenden Modelle für sein Fahrzeug entweder über die Fahrzeugsuche oder die Schlüsselnummern suchen. Als Zubehör sind Fahrradträger und Dachboxen erhältlich, die auf den Querträgern montiert werden können.

www.kupplung.de

Relleumdesign-Dachträgerfüße

Dirk Müller-Paul von Relleumdesign hat mit seinen Dachträgerfüßen eine ideale Basis für Selberbauer und individuelle Dachträgerkonstruktionen geschaffen. Die Basis bilden Halterungen aus 3 Millimeter starkem Edelstahlblech, die direkt auf den Untergrund, auf C-Profile oder auf Airlineschienen montiert werden können. Dadurch lässt sich die Halterung zum Beispiel auf Fahrzeugdächern, auf Pickup-Hardtops und -Abdeckungen oder auch auf Anhängern montieren. Die Trägerfüße können mit Karosseriekleber geklebt oder verschraubt werden. Sie sind als symmetrische oder asymmetrische Halterungen zu bekommen. Als Querprofil können spezielle Dachträgerprofile, jegliche sonstigen Profile aber auch Airline-Schienen zum Einsatz kommen. Anzahl und Lage der Quertraversen können frei bestimmt und dem jeweiligen Bedarf angepasst werden. Das lässt eine beliebige Vielzahl von Montagemöglichkeiten und Spezialkonstruktionen zu. Eine perfekte Lösung also, wenn die Stangenware nicht passt und damit vor allem für die interessant, die individuelle Lösungen realisieren wollen.

relleum.design

Rival-Dachträger

Bekannt geworden ist die Firma Rival bei uns durch ihre robusten Unterfahrschutzplatten, die eher für die extremen Strecken der Taiga gemacht sind als für die gemäßigte Feldwege Europas. Nachdem das Programm später um massive Frontstoßstangen erweitert wurde, sind nun auch Dachträger hinzugekommen. Sie sind für verschiedene gängige Offroader und Pickups erhältlich. Darüber hinaus sind verschiedene Halterungen für Axt, Schaufel, Berge-Boards, Markisen, Zusatzscheinwerfer, Kanister, Dachzelt oder Ersatzrad zu bekommen. Rival vertreibt die Produkte bei uns allerdings nicht selbst, sondern über Partner wie Rezet Automotive oder Autoranger.

www.autoranger.eu

Rhino Rack Pioneer-Plattform

Die neuen Pioneer-Dachträger kommen als komplett montierte Dachplattform. Mühsames Zusammenschrauben der einzelnen Seitenteile und Querbalken entfällt also, dafür ist der Karton, in dem die Plattform geliefert wird, recht groß. Die Dachplattform wird direkt auf den fahrzeugspezifischen Fußkits ans Fahrzeug montiert. Eine an der Unterseite aufgedruckte Zentimeterskala erleichtert es, die passenden Stellen für das Fußkit zu ermitteln. Die Dachträgerplattformen werden aus schwarz pulverbeschichtetem Aluminium hergestellt. Optional

kann auch eine Reling zur Plattform geordert werden. Rhino Rack bietet nach eigenen Angaben die höchste Anzahl an fahrzeugspezifischen Fußkits im Offroadsegment. Dadurch sollen die optimale Höhe und die perfekte Verbindung des Trägers mit jedem einzelnen Fahrzeugmodell gewährleistet werden. Schaufel, Angelruten, Fahrradhalter oder Reserveradträger, Markisen und eine Vielzahl an weiterem Zubehör ergänzen das Trägersystem.
www.taubenreuther.de

Safety Devices Explorer und Expedition G4
Safety Devices aus Großbritannien begann 1964 mit der Herstellung von Überrollkäfigen für Fahrzeuge. 1976 wurde für die Army der erste Käfig für den Land Rover entwickelt. 1980 stattete man die Camel-Trophy-Fahrzeuge für die Trophy am Amazonas aus. Vom außenliegenden Überrollkäfig zum Dachträger ist es lediglich ein kleiner Schritt, und so entstand irgendwann der Dachträger für Land-Rover-Fahrzeuge und später auch für den Toyota Land Cruiser. Die Dachträger bestehen aus pulverbeschichtetem Stahl und ausreichend Fußstützen, um die Last optimal zu verteilen. Neben dem Dachträger Explorer ist für den Defender noch das G4-Modell erhältlich, das auf dem Defender-Sondermodell G4 montiert war. Für beide Plattformen ist eine Bodenplatte mit Verzurr-Öffnungen sowie eine Heckleiter erhältlich. Die Kombination mit den Safety-Devices-Überrollkäfigen ist selbstverständlich möglich.
www.svs-schneider.de

Tembo4x4-Dachträger
Der niederländische Hersteller Tembo hat sich auf die Klassiker von Land Rover und Toyota spezialisiert, bietet seinen Dachträger aber auch für Doppelkabiner-Pickups wie Hilux, D-Max, Ranger und Navara sowie den Nissan Patrol Y61 mit langem Radstand und das G-Modell an. Ersatzrad- und Kanister-, Sandblech und Hi-Lift-Halter, Lampenträger sowie eine Leiter komplettieren auch hier das Sortiment. Die Tembo4x4-Dachgepäckträger werden aus Aluminium und Edelstahl hergestellt, wobei Aluminiumprofile die Basis des Dachgepäckträgers bilden. Die Befestigungselemente bestehen aus Edelstahl. Der Tembo-Träger ist auch für den 130er-Defender erhältlich. Außerdem lassen sich sämtliche Tembo4x4-Dachgepäckträger für den Defender mit Befestigungen für die Safety-Devices-Überrollkäfige kombinieren.
www.svs-schneider.de

Ullstein Concepts
Neben dem umfangreichen Zubehör, wie Aufprall- und Schwellerschutz oder Windenmontage-Set für den aktuellen Jimny hat Ullstein Concepts auch einen Dachträger für den kleinen Japaner im Programm. Das X-Rack besteht aus Aluminium und ist in schwarz pulverbeschichtet. Die Dachplattform verfügt seitlich über eine massive Reling aus Doppelrohr mit Verstrebungen. Weiteres Zubehör für den Dachträger ist zwar nicht im Sortiment, Lightbars, Zusatzscheinwerfer und anderes Zubehör können aber natürlich trotzdem montiert werden. Die Traglast ist mit 200 Kilo angegeben, das Eigengewicht liegt bei 23 Kilo. Ein Dachzelt und zwei normal schwere Personen sollte der Träger im Stand also aushalten – zumindest so lange oben keine dynamischen Bewegungen stattfinden, denn dafür ist die zulässige Dachlast des Jimny nicht ausgelegt.
www.ullstein-concepts.de

Upracks-Plattformen

Die Upracks-Plattformen kommen aus Europa und werden in Italien gefertigt. Die geschweißten Profile aus Aluminiumlegierung verfügen über eine schwarze Pulverbeschichtung. Die Profile des Rahmens, die Querstreben und die Planken sind mit einer Nut versehen, an der das Zubehör und andere Ausrüstungsgegenstände befestigt werden können. Jedes Zubehörteil lässt sich an jeder Stelle montieren, ohne dass andere Anbauteile dafür versetzt oder demontiert werden müssen. Besonders praktisch: Die Nutensteine können auch in den Rundungen der Ecken des Profils montiert werden. Zu jeder Plattform ist eine passenden Reling erhältlich, diverses Zubehör und verschiedene Halterungen ergänzen das Dachträgersystem.

www.taubenreuther.de

Thule-Dachträger

Thule ist wohl einer der bekanntesten Anbieter von Dachträgern. Die Thule-Dachträger sind allerdings lediglich als Quertraversen-Träger erhältlich. Dachplattformen werden nicht angeboten. Dafür sind sie für nahezu alle gängigen Fahrzeuge erhältlich, bei den Offroadern gibt es allerdings einige Ausnahmen. Mancher echte Geländewagen ist in der umfangreichen Thule-Liste nicht dabei. Der Hersteller bietet mehrere verschiedene Querträger-Typen an, auf die verschiedenes Zubehör, wie Fahrrad- und Surfboard-Träger oder Halterungen für den Profieinsatz montiert werden können. Selbst eine seitliche Markise ist erhältlich. Die Systeme bestehen entweder aus beschichtetem Aluminium oder aus kunststoffummanteltem Stahl.

www.thule.com

Wild Land Drivers

Die Wild Land Drivers sind echte Jimny-Spezialisten. Im Firmenprospekt findet sich jede Menge Zubehör für den kleinen Japaner. Unter anderem auch ein massiver Dachträger, der in seiner Gesamtheit ein wenig an einen Außenkäfig erinnert. Denn die Dachplattform wird nicht nur an der Karosserie, sondern auch am Rahmen befestigt. Nicht nur deshalb empfiehlt der Hersteller die Montage von einem Fachmann durchführen zu lassen. Der Träger ist nämlich auch eintragungspflichtig. Und das kann der Fachbetrieb dann gleich mit erledigen. Diese ungewöhnliche Montage bietet einen großen Vorteil: Sie erhöht die mögliche Dachlast, die beim Jimny ja ab Werk nicht gerade üppig ist. Zusätzlich zum Dachträger ist, neben weiterem Zubehör, eine klappbare Jagdkanzel erhältlich, mit der der Jimny zum mobilen Hochsitz wird.

www.wild-land-drivers.de

Yakima LockNLoad-Plattform

Yakima klingt für uns asiatisch. Der Name leitet sich jedoch von der Stadt Yakima im Yakima Valley in Zentral-Washington im Yakima County ab. Namensgeber ist das indigene Volk der Yakima. Uramerikanisch also. Das vor 40 Jahren gegründete Unternehmen ist bislang vor allem in Nordamerika, Australien und Neuseeland bekannt. Die für uns neu erscheinenden Dachträgerprodukte haben sich also schon länger bewährt. Die pulverbeschichteten Plattformen sind für Pickups verschiedener Marken erhältlich, umfangreiches Zubehör, zu dem auch Halterungen für Kajaks, Fahrräder und Angelausrüstung zählen, runden das Sortiment ab.

yakima.de

Gurte und Seile

Ein Bergegurt oder Bergeseil sind gute Möglichkeiten, um den steckengebliebenen Reise-Allradler wieder herauszuziehen. Für die Bergung mit dem Gurt oder dem Seil wird allerdings immer ein zweites Fahrzeug benötigt. Sowohl Bergegurte als auch Bergeseile sind in zwei Ausführungen zu bekommen. Als kinetische, also dehnbare Gurte oder Seile, oder als zugsteife, nicht dehnbare Bergemittel. Beide haben ihren Einsatzbereich und können nicht oder nur bedingt alternativ verwendet werden.

Starre Gurte und Seile

Starre Gurte und Seile zeichnen sich dadurch aus, dass das Material keine Dehnung aufweist. Unter Zug behalten die Gurte oder Seile also ihre Länge bei. Das ist für die meisten Anwendungen auch so gewollt. Soll ein Seil zum Beispiel als Verlängerung für die Seilwinde dienen, macht es wenig Sinn, wenn es sich dehnt. Verwendet man sie mit einem zweiten Fahrzeug jedoch als Bergegurt, gibt es einen kräftigen Ruck, wenn man mit Schwung hinein fährt. Hier ist erhöhte Vorsicht geboten, da schnell Komponenten reißen oder Verbindungen brechen können. Sucht man bei *YouTube* nach Videos von Bergeaktionen, findet man immer wieder Filmchen, in denen man sieht, wie der Abschlepphaken oder eine komplette Stoßstange abreißen – und oft haben die umstehenden Personen dabei eine Menge Glück. Während man für das kinetische Seil ein zweites Fahrzeug benötigt, ermöglicht der starre Gurt auch andere Einsatzmöglichkeiten. Hat man eine Seilwinde zur Eigenbergung am

Starre Gurte lassen sich unter anderem als Baumankergurt verwenden, da sie keinerlei Dehnung aufweisen.

Fahrzeug, findet der Gurt als Baumgurt (den man auch unbedingt verwenden sollte) oder Verlängerung Anwendung. Hat man keine Seilwinde dabei, aber einen Hi-Lift und zwei → Bergeschäkel von Relleumdesign an Bord, dann kann man sich mithilfe von zwei starren Bergegurten und ein paar normalen Schäkeln ebenfalls selbst helfen.

Als starre Bergegurte können, neben den speziell als Bergegurt verkauften Gurten, auch sogenannte Hebegurte eingesetzt werden. Starre Seile kommen hauptsächlich als Verlängerung für die Seilwinde zum Einsatz. Hier sollte man ausschließlich Seile verwenden, die auch dafür vorgesehen sind. Bei allen Gurten und Seilen muss unbedingt die maximale Arbeitslast beachtet werden (→ Kapitel Bruchlast, Working Load Limit und Forest Tractive Force).

Kinetische Gurte und Seile

Während die starren Bergegurte und -seile keine Dehnung zulassen, sind kinetische Bergeseil und -gurte bis zu einem gewissen Grad dehnbar. Sie sollten daher ausschließlich für die Bergung durch ein zweites Fahrzeug verwendet werden. Denn das Bergefahrzeug kann mit etwas Geschwindigkeit in den Gurt fahren, ohne dass es einen heftigen Ruck gibt. Das funktioniert auch mit einem gewissen Anlauf. Das kinetische Seil dehnt sich, nimmt dabei Energie auf und zieht sich wieder zusammen. Hinzu kommt die Vorwärtsbewegung des Bergefahrzeugs. Mit einem kinetischen Seil oder Gurt ist daher eine relativ sanfte Bergung möglich. Denn der kräftige Ruck, wenn man mit starrem Gurt und Schwung in den Gurt fährt, entfällt. Aber auch beim Einsatz von kinetischen

Für die Fahrzeugbergung eignen sich starre (grün) und kinetische Gurte (orange).

Gurten und Seilen muss unbedingt auf die maximalen Arbeitslasten geachtet werden. Im Gegensatz zu den als Hebezeug eingesetzten Gurten und Schäkeln ist sie jedoch nicht unbedingt auf dem Gurten und Seilen zu finden. Stattdessen wird dort oft die Bruchlast angegeben, die man jedoch nicht als Grundlage für eine Bergung verwenden sollte (→ Kapitel Bruchlast, Working Load Limit und Forest Tractive Force). Den angegeben Wert sollte man daher durch sieben teilen, um einen Wert für die maximale Arbeitslast (→ WLL) zu erhalten.

TIPP: Ein Bergegurt oder Bergeseil gehört ebenso an Bord eines Reise-Allradlers wie eine Auswahl an Schäkeln. Dabei ist unbedingt zu beachten, dass die Bruchlasten zusammenpassen. Wir erinnern uns: Die Kette bricht am schwächsten Glied. Außerdem müssen Gurt und Schäkel auch zum Fahrzeuggewicht passen. Überdimensioniert dürfen sie gern sein, unterdimensioniert auf keinen Fall. Für den Einsatz ist aber zu beachten, dass man für die Bergung mit dem Gurt oder dem Seil immer ein weiteres Fahrzeug benötigt.

Abschleppseil

Das klassische Abschleppseil, wie es für das Abschleppen von Fahrzeugen auf der Straße verwendet wird, ist im Gelände für die Bergung von Fahrzeugen nicht geeignet. Die Kräfte, die bei einem steckengebliebenen Fahrzeug aufgewendet werden müssen, um es aus dem Schlamm oder Sand zu ziehen, sind zum Teil weitaus höher als die Reißfestigkeit eines Abschleppseils. Auf der Straße muss lediglich der Rollwiderstand beim Anfahren überwunden werden. Hat sich ein Fahrzeug im Gelände festgefahren, muss die Arbeitslast für die Bergemittel (Seil oder Gurt und Schäkel) über dem Fahrzeuggewicht liegen (→ WLL und → FTF).

Schäkel

Schäkel als Verbindungselement sind aus Metall erhältlich oder als leichte, weiche Tauwerk- oder Seilschäkel, die keine Kratzer hinterlassen. Dabei erreichen die Tauwerkschäkel, je nach Stärke des verwendeten Taus, gleich hohe Bruchlasten wie Stahlschäkel, haben aber wesentlich weniger Gewicht.

Stahlschäkel sind aus Stahl und aus Edelstahl gefertigt. Sie sind in U- oder in Omega-Form erhältlich.

Stahlschäkel

Den klassischen Schäkel aus Metall, der sowohl in der Seefahrt als auch in der Fördertechnik eingesetzt wird, gibt es in U- und in Omega-Form. Als Material kommen Stahl und Edelstahl zum Einsatz, die maximale Arbeitslast (→ WLL und → FTF) ist auf dem Schäkel angegeben. Die Angabe ist entweder erhaben eingegossen oder eingestanzt.

Geschlossen werden die Schäkel mit einem stabilen Bolzen, der eingeschraubt wird. Hierbei ist stets darauf zu achten, dass der Bolzen nie ganz fest zugeschraubt wird. Damit er sich nach dem Bergeeinsatz wieder lösen lässt, wird er komplett zugedreht und dann um eine halbe Umdrehung wieder geöffnet. Dreht man ihn dagegen fest, kann es passieren, dass er sich nach dem Einsatz nicht mehr lösen lässt.

Seilschäkel sind von verschiedenen Herstellern erhältlich. Die angegeben Bruchlasten halten im Test jedoch nicht bei allen Erzeugern, was sie versprechen.

Seilschäkel

Ursprünglich stammen die Tauwerkschäkel aus der Seefahrt. Vor einigen Jahren haben sie dann Einzug in die Offroad-Szene gehalten und sich damit zu den Hebegurten gesellt, die zum Heben von Lasten mit dem Kran bestimmt sind, oft aber als Bergegurte verwendet werden.

Die Seilschäkel aus Tauwerk versprechen ähnlich hohe Bruchlasten wie Stahlschäkel, wiegen jedoch deutlich weniger. Um sie zu befestigen, wird der Knoten durch die Öffnung des Schäkels gezogen. Beim Einsatz muss der Koten seitlich liegen. Außerdem sollte man folgende wichtige Grundregeln befolgen:

- Seilschäkel niemals zum Heben einsetzen! Sie sind dafür weder ausgelegt noch zugelassen.
- Seilschäkel immer nur im Rahmen der Arbeitslast (WLL) verwenden und nie bis an die Bruchlast belasten! Die Arbeitslast ist beim Bergeeinsatz der maßgebliche Wert.
- Ist nur die Bruchlast angegeben, maximal die Hälfte, eher noch weniger davon als Arbeitslast einrechnen. Da es hier, wie bei Hebezeug, keine Norm gibt, geben ernstzunehmende Hersteller von sich aus einen Wert an, der rund bei der Hälfte der Bruchlast liegt. Bei Hebezeugen liegt der Bruchlastwert dagegen beim Siebenfachen der Arbeitslast.
- Softschäkel nach Beschädigungen und Alterung unbedingt aussortieren!

Der Knoten eines Seilschäkels sollte unter Last immer seitlich sitzen.

Bergeschäkel

Der Bergeschäkel von Relleumdesign besteht aus 15 Millimeter starkem, massivem Edelstahl-Rundmaterial. Damit ist er auch für den Einsatz mit Softschäkeln geeignet. Die maximale Arbeitslast (→ WLL) ist mit 2,5 Tonnen angegeben, die → Bruchlast soll über 8 Tonnen liegen. Für den Bergeschäkel finden sich zwei verschiedene Anwendungsmöglichkeiten.

Gurt verkürzen mit dem Bergeschäkel

Dirk Müller-Paul von Relleumdesign hat den Berge- oder Klemmschäkel entwickelt, um damit Gurte verkürzen zu können, ohne an Zugkraft einzubüßen. Denn manchmal sind bei einer Fahrzeugbergung 10 Meter Gurt einfach zu lang, und halbiert ist er dummerweise zu kurz. Also suchte er nach einer Lösung, um den Bergegurt auf die Länge zu bringen, die tatsächlich benötigt wird. Der durch den Schäkel geführte Gurt wird bei Zug materialschonend sicher eingeklemmt und rutscht nicht durch.
Er ist für Gurte mit einer Breite bis circa 60 Millimeter geeignet. Der Schäkel ist bei Zug selbstklemmend. Wenn der Gurt entlastet ist, ist die untere Lage jedoch leicht nachziehbar. Das ermöglicht es, ihn leicht auf die passende Länge einzustellen.
Das Einhängen des Gurts ist an jeder Stelle möglich. Ein komplettes Durchfädeln des Gurts entfällt also. Reicht der zur Bergung verfügbare Platz zwischen den Fahrzeugen für den Gurt, den man dabeihat, in der Länge nicht aus, kann man die Länge mit dem Bergeschäkel frei bestimmen. Der nicht benötigte Rest vom Gurt kann mit einem Sicherungsgurt, der über eine Öse mit dem Bergeschäkel fest verbunden ist, am Schäkel befestigt werden. Das macht die Bergung einfacher und sicherer. Außerdem lassen sich mit dem Bergeschäkel Fahrzeuge schnell und unkompliziert gegen Wegrollen oder Umkippen sichern. Dazu wird der Gurt am Fahrzeug und der Bergeschäkel am Ankerpunkt angeschlagen. Anschließend wird der Gurt in den Schäkel eingelegt und straffgezogen. Durch den vom rollenden oder kippenden Fahrzeug entstehenden Zug auf den Gurt sichert sich der Wagen nun von selbst.

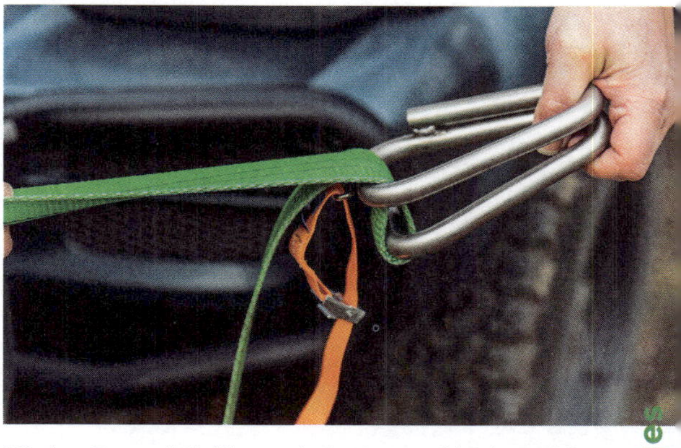

Mit dem Bergeschäkel lässt sich der Gurt problemlos auf die richtige Länge bringen. Dazu wird er durch die geschlossene Seite des Schäkels geführt und die Schlaufe, die an beliebiger Stelle am Gurt angesetzt werden kann, über das offene Ende gesteckt. Liegt der Gurt noch locker, kann man jederzeit die Länge nachregulieren. Sitz der Gurt auf Spannung, wird er fest eingeklemmt und kann nicht mehr verrutschen.

Den überschüssigen Rest des Gurts legt man zusammen und befestigt ihn mit dem kleinen Gurt. So verhindert man, dass man beim Bergen versehentlich über das lose Ende des Gurts fährt.

Bergen mit Bergeschäkel und Hi-Lift

Doch manchmal kommt einem Erfinder eben noch eine Idee nach der Idee: In Kombination mit dem → Hi-Lift werden zwei Bergeschäkel zu einer brauchbaren Bergehilfe. Der Hi-Lift lässt sich zwar auch ohne als Bergehilfe verwenden, kann ein Fahrzeug aber immer nur einen guten Meter aus dem Dreck ziehen. In Kombination mit den Bergeschäkeln verlängert sich dieser Weg enorm.

Neben einem Hi-Lift oder den ähnlichen Produkten von Jackall oder Farm Jack und den beiden Relleumdesign-Bergschäkeln, benötigt man zwei längere, zugsteife Bergegurte und ein paar normale Schäkel. Dann sucht man sich zunächst einen stabilen Ankerpunkt für den ersten Gurt. Sollte der sich nicht finden lassen, setzt man einen → Windenanker oder vergräbt das Ersatzrad nach Lehrbuch und befestigt das Gurtende eben daran. Das andere Ende wird mit einem Schäkel am oberen Ende des Hi-Lifts befestigt.

Vom anderen Gurt werden beide Enden an der Abschleppvorrichtung des Fahrzeugs befestigt und das geschlossene Ende zum Hi-Lift geführt. Nun befestigt man einen Klemmschäkel am unteren Ende des Hi-Lifts,

In Verbindung mit einem Hi-Lift, zwei starren Gurten und normalen Schäkeln wird das Setup zum Ersatz für eine Seilwinde.

wobei es hilfreich ist, die Standplatte vorher abzunehmen. Der zweite Klemmschäkel wird an der Hubstange befestigt. Dann wird der Gurt in beide Klemmschäkel eingefädelt, sodass er von jedem Schäkel aus jeweils zu einem der beiden Gurtenden am Wagen läuft. Jetzt sollte man sich noch einmal vergewissern, dass alle Verbindungen stabil sind. Dann kann man beide Gurtseiten straffziehen. Nun wird gehebelt und der Wagen Stück für Stück aus seiner misslichen Lage befreit. Dabei wird der Gurt, der am unteren Ende des Hi-Lifts angeschlagen ist, immer lockerer, während man mit der anderen Seite zieht. Ist man mit der Hebelmechanik oben angekommen, wird der untere Gurt zum Sichern straffgezogen, bis er unter Spannung steht. Anschließend kann der Mechanismus umgestellt und die Hebelmechanik nach unten geschoben werden. Nachdem man diese Gurtseite wieder gestrafft hat, kann man von vorn beginnen. Zugegeben, das Ganze ist schweißtreibend, aber durchaus effektiv. Die Klemmschäkel sind daher eine sinnvolle Ergänzung zum Offroad-Wagenheber. Hat man ihn ohnehin dabei, erhöht das seine Einsatzmöglichkeiten nochmals. Nun dient er nicht nur als Wagenheber oder um Reifen von der Felge zu drücken, sondern auch als echte Bergehilfe. Das ist gerade für Fahrzeugbesitzer, die keine Seilwinde am Geländewagen montiert haben, eine echte Alternative. Aber auch denen, die eine Winch am Auto haben, können die Relleumdesign-Bergeschäkel von Nutzen sein: Muss das Fahrzeug nach hinten geborgen werden oder wird zusätzlich ein Zug zur Seite benötigt, lässt sich das so realisieren.

Bergeösen und Abschlepphaken

Die serienmäßig an Fahrzeugen angebrachten Abschlepphaken sind eine gute Sache – wenn es um das Abschleppen des Fahrzeugs auf der Straße geht. Für die Bergung eines feststeckenden Fahrzeugs taugen sie jedoch nur bedingt. Denn für die dann auftretenden Kräfte sind sie in der Regel nicht ausgelegt. Das gleiche gilt für die Anhängerkupplung. Auch sie ist nicht dafür gedacht, das Fahrzeug aus einem Schlammloch zu ziehen. Daher kann es sinnvoll sein, Bergeösen nachzurüsten, sofern das möglich ist. Für die Klassiker wie den Jeep Wrangler oder den Defender von Land Rover bietet der Zubehörhandel eine Vielzahl von Haken und Ösen, die an die Punkte geschraubt werden können, an denen die Stoßstange am Rahmen verschraubt ist. Relleumdesign hat zum Beispiel für verschiedene VW-Bus-Modelle passende Bergeösen entwickelt, die direkt bei Relleum oder über die Partner Terranger oder Terracamper bezogen werden können. Aber auch für Nachrüst-Stoßstangen sind eine Reihe von massiven Bergeösen zu bekommen. Einige dieser Ösen werden dabei mit einem mit einem → Stahlschäkel kombiniert. Besitzer von Fahrzeugen, die an ihrem Fahrzeug keine Möglichkeit finden, Bergeösen zu montieren, können sich an ihre Fachwerkstatt wenden, um zu klären, welche Möglichkeiten für die Montage zusätzlicher Bergeösen bestehen.

Die originalen Abschlepphaken halten der Belastung oft nicht stand.

Bei der Fahrzeugbergung im Gelände sollte man auf stabile Bergeösen setzen.

Umlenkrollen und -blöcke

Wer eine → Seilwinde am Fahrzeug hat oder einen → Greifzug mitführt, sollte auch eine Umlenkrolle oder einen sogenannten Snatch-Block dabeihaben. Eine Umlenkrolle lässt sich beim Bergen auf zwei Arten verwenden: Zum einen lässt sich die Zugkraft einer Seilwinde verdoppeln, zum anderen lässt sich das Seil umlenken, wobei sich die Zugkraft jedoch nicht verändert.

Um die Verdoppelung der Kraft zu erreichen, wird das Seil an einem Ankerpunkt über eine Rolle umgelenkt, zum Fahrzeug zurückgeführt und dort angeschlagen. Der Trick dabei: Die Last bleibt zwar gleich, aber die Zugkraft wird verdoppelt. Allerdings wird dabei auch die doppelte Seillänge benötigt. Einmal vom Fahrzeug zur Umlenkrolle und wieder zurück. Im Prinzip ist das also nichts anderes als ein Flaschenzug. In Schulbüchern wird dies als lose Rolle bezeichnet. Die Formel für die Berechnung lautet:

$$FZ = \frac{1}{2} FL \text{ und } sZ = 2sL$$

(F = Kraft, s = Weg, FZ & FL = wirkende Kräfte, sZ & sL = zurückgelegte Wege)

Mit einer Rolle wird die Windenkraft verdoppelt, mit zwei Umlenkrollen lässt sie sich verdreifachen. Für die Verdreifachung führt man das Seil dann vom Fahrzeug nochmals über eine Rolle wieder zum Ankerpunkt zurück. Das ließe sich mit weiteren Rollen im Prinzip beliebig fortsetzen. Allerdings wird zum einen der Weg, den man vorwärtskommt, dabei immer kürzer, zum anderen die Kraft immer größer. Das Ganze geht dann nur so lange gut, bis die Kraft die Bruchlasten von Seil, Schäkeln, Umlenkrolle, Ankerpunkt und Befestigung der Winde am Fahrzeug übersteigt. Wird sie größer, reißt das schwächste Glied der Kette.

Doch wie sieht das in der Praxis aus. Nehmen wir an, die Winde hat eine Zugkraft von 4,5 Tonnen. Einen Schäkel mit der Angabe FTF (→ Forest Tractive Force) oder WLL (→ Working Load Limit) 4,5 können wir also problemlos damit kombinieren. Da sich die Kraft der Winde aber beim Einsatz der Umlenkrolle verdoppelt, verdoppelt sich auf die Kraft auf den Ankerpunkt und damit den Schäkel. Wir müssten also einen Schäkel mit der Bezeichnung FTF 8,5 wählen.

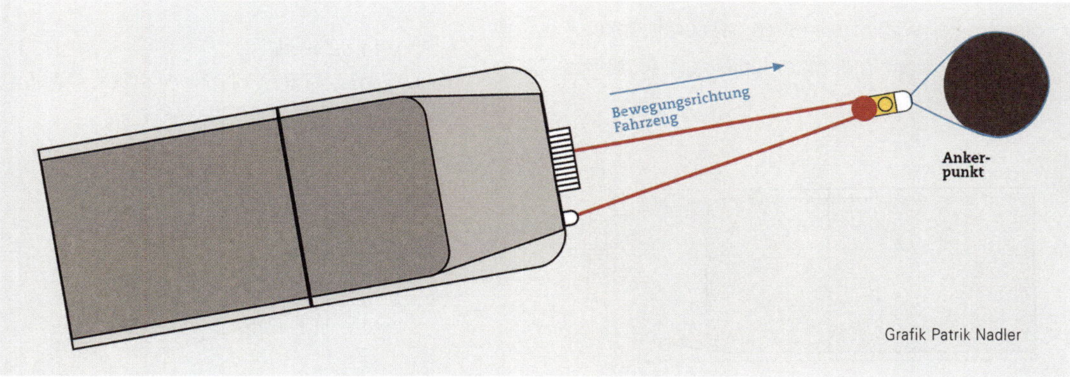

Eine Umlenkrolle lässt sich zur Verdoppelung der Zugkraft verwenden. Hierbei wird das Seil von der Winde zur am Ankerpunkt befestigten Umlenkrolle geführt. Von dort läuft es zum Fahrzeug zurück und wird dort angeschlagen.

Das ergibt rechnerisch zwar nicht das Doppelte von 4,5 Tonnen, ist in diesem Fall aber vernachlässigbar, da die Seilwinde ihre maximale Zugkraft nur auf der ersten, also der unteren Seillage entfaltet. Mit jeder weiteren Lage nimmt sie ab, auf der obersten ist sie am niedrigsten. Da, je nach Strecke zum Ankerpunkt, meist nicht das komplette Seil abgerollt ist und es sich weiter aufspult, sollten die 8,5 Tonnen also nicht überschritten werden. Bei zwei eingesetzten Umlenkrollen sähe das allerdings anders aus.

TIPP: Vor dem Einsatz von Winde und Umlenkrolle kommt die Schaufel zum Einsatz. Hat man vor dem Windeneinsatz ausgiebig geschwitzt, erübrigt sich eventuell der Einsatz einer zweiten Umlenkrolle sogar und eventuelle Risiken werden minimiert.

TIPP: Bei der Lastverdoppelung wird die Winde stark beansprucht und mehr Wärme erzeugt. Das kann nicht nur dazu führen, dass sie überhitzt, sondern – gerade auf der unteren Seillage – auch dazu führen, dass Kunststoffseile durch die heiße Trommel beschädigt werden. Eine Pause einzulegen und die Winde abkühlen zu lassen, kann also ratsam sein. Abgesehen davon bekommt die Batterie, an der die Winde angeschlossen ist, reichlich viel zu tun und kann sich schnell entladen. Daher sollte man den Motor beim Winchen mitlaufen lassen und gegebenenfalls leicht Gas geben, wenn man merkt, dass die Drehzahl beim Betätigen des Windenschalters absackt.

Die zweite Einsatzmöglichkeit für eine Umlenkrolle findet sich in ihrer Bezeichnung: das Umlenken. Mit ihr lässt sich ein Seil nämlich auch zur Seite hin umlenken. Das wird zum Beispiel dann nötig, wenn ein Bergefahrzeug mit Winde nicht in direkter Linie zum Fahrzeug steht, das geborgen werden soll, oder der Ankerpunkt in direkter Linie nicht kräftig genug erscheint. In diesem Fall wählt man einen besseren Ankerpunkt, der nicht in direkter Linie liegt, leitet das Seil aber über den schwächeren Punkt um. Die Hauptkraft wirkt dann auf den kräftigeren Ankerpunkt. Bei der Bergung mit zwei Fahrzeugen, die nicht in direkter Linie stehen, kann das Seil ebenfalls über einen möglichst massiven Ankerpunkt umgeleitet werden.

Im Gegensatz zum oben geschilderten Einsatz – Seil vom Fahrzeug zum Ankerpunkt und zurück zum Fahrzeug – verdoppelt sich die Windenkraft hierbei jedoch nicht. Es wird lediglich die Zugrichtung umgeleitet. Kraft wirkt auf den Ankerpunkt trotzdem, aber eben nicht doppelt. Die Gleichung hierzu lautet daher:

FZ = FL und sZ = sL

(F = Kraft, s = Weg, FZ & FL = wirkende Kräfte, sZ & sL = zurückgelegte Wege)

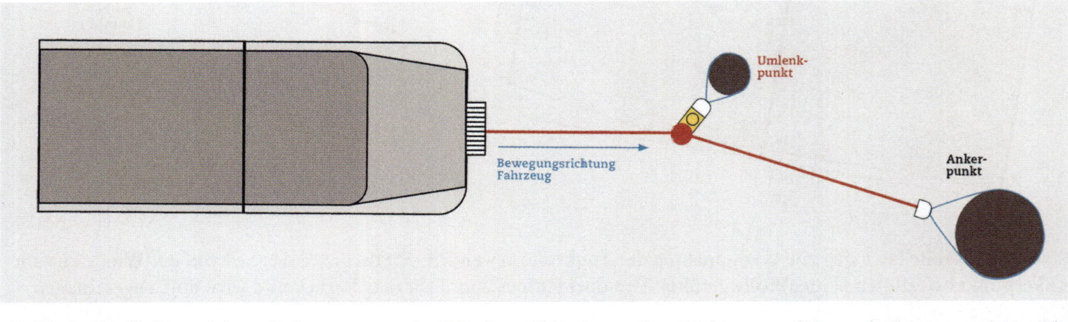

Die Umlenkrolle lässt sich auch dazu nutzen, das Windenseil in eine andere Richtung zu führen. So kann zum Beispiel ein Fahrzeug geborgen werden, das nicht in direkter Linie zur Winde steht. Die Zugkraft wird hierbei nicht verdoppelt.

Seilrolle

Grundsätzlich unterscheidet man zwei Arten von Umlenkrollen. Am weitesten verbreitet sind dabei Seil- oder Umlenkrollen. Sie sind mit festen oder mit beweglichen Seitenteilen erhältlich, beim Einsatz in Forst und Gelände kommen in der Regel ausschließlich Modelle mit verdrehbaren Seitenteilen zum Einsatz. Denn bei ihnen lässt sich das Seil an jeder beliebigen Stelle einlegen und muss nicht komplett durch die Rolle gefädelt werden. Zum Einlegen des Seils werden die Seitenteile seitlich verdreht. Die Rolle selbst dreht sich beim Einsatz um ein Lager.

Eine Umlenkrolle mit beweglichen Seitenteilen. Die Rolle dreht sich um ein Lager.

Um das Seil in eine Umlenkrolle mit sich drehender Rolle einzulegen, werden zunächst die die Seitenteile verdreht, damit man das Seil über die Rolle führen kann.

Anschließend werden die Wangen wieder zusammengeführt und ein Schäkel durch die Öffnung und die Schlaufen des Baumgurts gesteckt.

Danach wird der Schäkel geschlossen und das Seil auf Spannung gebracht, wenn es am zweiten Ankerpunkt befestigt ist.

Dabei sollte man darauf achten, dass das Seil sauber in der Nut der Rolle läuft und sich nicht seitlich zwischen Rolle und Seitenteil verquetscht.

NMP-Block

Die zweite Variante ist der sogenannte NMP-Block. NMP steht für »No Moving Parts«. Sie bestehen aus einem einzigen Stück. Der Block dreht sich beim Winchen nicht um ein Lager. Diese Blöcke kommen, wie auch die → Seilschäkel, aus der Seefahrt. Daher werden sie auch nur im Zusammenhang mit einem Seilschäkel verwendet. Das Seil läuft hier durch die umlaufende Nut in dem Block. Der Schäkel für die Befestigung wird durch die offene Mitte geführt. Je nach Anwendung und Material kann der Block sich beim Winchen manchmal leicht mitdrehen, was jedoch keine Rolle spielt, da die Innenkanten, durch die der Seilschäkel läuft, abgerundet sind. Einziger Nachteil: Das Seil muss von Hand in der Rolle gehalten werden, bis es straff gespannt ist. Eine Ausnahme bildet der Snatch-Block von Faktor 55. Er verfügt an den Rändern über Gummidorne, die das Seil bis zu einem gewissen Maß in der Rolle halten.

Beim NMP-Block (No Moving Parts) läuft das Seil durch eine Nut in der Rolle. Der Schäkel wird durch die offene Mitte des Blocks geführt.

Bruchlast, Working Load Limit und Forest Tractive Force

Auf den meisten Bergemitteln befinden sich Angaben zur maximalen Arbeitslast (WLL) bei den unterschiedlichen Anwendungen oder zur Bruchlast. Bei Gurten, die als Hebegurte fungieren, sind sie auf einem an der Schlinge eingenähten Label zu finden, bei Stahlschäkeln sind sie im Metall eingegossen oder eingestanzt. Bei Produkten, die als Bergemittel verkauft werden, ist dagegen meist nur die Bruchlast oder Breaking Strength angegeben. Das WLL (Working Load Limit) gibt an, bei wieviel Zugkraft sich noch sicher arbeiten lässt, die Bruchlast, wann der Gurt wahrscheinlich reißt oder der Schäkel bricht. Die Angabe, an der man sich orientieren sollte, ist das Working Load Limit, also die maximale Arbeitslast. Für die Bruchlast gilt in der Regel das Siebenfache dieser Arbeitslast. Dieser Wert wird auf Hebezeug allerdings nicht vermerkt. Einige Anbieter werben jedoch damit oder geben ihn in der Artikelbeschreibung an.

Ein Gurt mit einer maximalen Arbeitslast (WLL) von 1000 Kilo würde also erst bei etwa sieben Tonnen reißen. Ein als Bergegurt verkaufter Gurt mit einer Angabe der Breaking Strength von acht Tonnen also bei rund 8000 Kilo Zuglast. Auch wenn dieser hohe Wert verlockend klingt, sollte man es unbedingt vermeiden, sich beim Einsatz an den Bruchlasten der eingesetzten Bergemittel zu orientieren. Sie definieren die Werte, bei denen das Material bricht und sind für die schnelle Berechnung, ob der Gurt hält, oder Gurt, Schäkel und Umlenkrolle zusammenpassen, denkbar ungeeignet.

Bevor man eine oder mehrere Bergemittel wie Gurte, Schäkel oder Umlenkrollen für den Einsatz kombiniert, sollte man außerdem genau überprüfen, ob alle eingesetzten Bergemittel zusammenpassen und der aufgewendeten Kraft standhalten. Hier greift sonst die altbekannte Weisheit vom schwächsten Glied der Kette, das bricht.

Beim Einsatz oder der Zusammenstellung der Bergemittel orientiert man sich also am WLL und nicht an der Bruchlast. Noch einfacher wird es, wenn man sich an der 2018 neu eingeführten Bezeichnung FTF (Forest Tractive Force) aus der neuen DIN-Norm 30754 aus dem Forstbereich orientiert. Derzeit gibt es vier FTF-Klassen: 2,5/4,5/6 und 8,5 Tonnen. Da ältere Bergemittel diese Kennzeichnung noch nicht aufweisen, sollte man sich fragen, ob sie noch sicher eingesetzt werden können. Denn haben Gurte, Schäkel und andere Bergeutensilien ein gewisses Alter erreicht, sollte man sie ohnehin aussortieren.

Angaben auf Hebezeug und Bergemitteln

- Working Load Limit (WLL) – diese Angabe definiert die maximale Arbeitslast des Gurtes, Schäkels oder der Umlenkrolle. Dies ist der Bereich, in dem das Bergemittel sicher eingesetzt werden kann.
- Forest Tractive Force (FTF) – diese Angabe wurde 2018 neu eingeführt und leitet sich aus der DIN-Norm 30754 aus dem Forstbereich ab. Derzeit gibt es vier FTF-Klassen: 2,5/4,5/6 und 8,5 Tonnen. Auch diese Werte geben an in welchem Bereich sicher gearbeitet werden kann.
- Bruchlast oder Breaking Strength – dieser Wert gibt an, wann das Material bricht oder reißt. Er wird auf Mitteln, die als Hebezeug zugelassen sind, nicht angegeben, wird aber in Produktbeschreibungen manchmal verwendet. Er findet sich jedoch zum Beispiel auf Gurten oder Seilschäkeln, die für die Fahrzeugbergung verkauft werden. Diesen Wert sollte man nicht als Grundlage für das sichere Arbeiten verwenden.

Auf Gurten für den professionellen Einsatz ist immer das Working Load Limit, also die maximale Arbeitslast eingetragen. In diesem Rahmen sollte man sich bei der Bergung bewegen.

Info

Zusätzlich zum Fahrzeuggewicht muss bei der Bergung noch die Kraft einkalkuliert werden, die notwendig ist, den Wagen aus einem Schlammloch heraus- oder einen Berg hinaufzuziehen. Der daraus resultierende Wert kann durchaus das Fahrzeuggewicht übersteigen. Um auf der sicheren Seite zu sein, sollte man bei der Wahl der Bergemittel daher ungefähr mit dem 2,5-fachen des Fahrzeuggewichts kalkulieren.

Beispiel:

Der Suzuki Jimny hat ein Leergewicht von etwas über 1 Tonne. Ein Gurt mit einer WLL von 1000 Kilo würde also für die Bergung theoretisch ausreichen. Steckt der Wagen jedoch bis zu den Achsen im Morast, muss wesentlich mehr Zugkraft aufgewendet werden. Auch wenn der 1000-Kilo-Gurt mit seiner siebenfachen Sicherheit sehr wahrscheinlich nicht reißen würde, ist ein sicheres Arbeiten nicht mehr gegeben.

Ankerpunkt

Als Ankerpunkt bezeichnet man einen festen Punkt, an dem man das Seil einer → Seilwinde, eines → Greifzugs, → Hooists oder eine → Umlenkrolle anschlägt. Das kann ein Baum, ein Felsblock oder auch ein anderes Fahrzeug sein. Der Ankerpunkt muss ausreichend stabil sein, die auftretenden Kräfte aufnehmen zu können und darf nicht brechen oder gar ausreißen. Bei der Befestigung von Bergemitteln an einem Baum als Ankerpunkt gilt grundsätzlich, dass er im unteren Bereich am stabilsten ist. Das Bergematerial wird daher möglichst weit unten angeschlagen. Grundsätzlich wird dabei IMMER ein möglichst breiter Baumgurt um den Baum gelegt, um Beschädigungen an der Rinde oder gar am darunterliegenden Holz zu vermeiden. Dünne Seile beschädigen den Baum.

Wählt man einen Baum als Ankerpunkt, wird immer mit einem Baumgurt gearbeitet. Der Gurt sollte möglichst weit unten angebracht werden.

Nutzt man einen Felsbrocken als Ankerpunkt, sollte man vorab checken, ob er auch ausreichend sicher liegt und sich durch die Bergeaktion nicht lockern oder gar herausreißen kann. Stürzt ein großer Felsbrocken im Gebirge zu Tal, kann das verheerende Folgen haben. Aber auch wenn er nur ein paar Meter rutscht, die Gefahr, dass er das Auto beschädigt oder umstehende Personen verletzt, ist immens. Daher muss vorher unbedingt kontrolliert werden, ob er fest in Fels oder Boden hält und auch liegen bleibt. Zur Bergung wird hier ebenfalls ein Gurt um den Felsblock gelegt. In diesem Fall, damit das Windenseil nicht beschädigt wird.

Setzt man ein zweites Fahrzeug als Ankerpunkt ein, muss man darauf achten, dass es auch fest steht und nicht verrutschen oder in Richtung zu bergendes Fahrzeug gezogen werden kann. Das kann auf rutschigen Untergrund sehr schnell passieren. Ist das bergende Fahrzeug das Fahrzeug mit der Winde, kann es sinnvoll sein, es an einem stabilen Ankerpunkt zu fixieren. Also zum Beispiel mit einem Gurt an einem Baum, der hinter dem Fahrzeug steht.

Auch wenn man einen Felsbrocken als Ankerpunkt nutzt, sollte man einen Gurt verwenden, damit das Seil geschützt wird. Auf Trophy-Veranstaltungen wird das schon mal vernachlässigt.

Bild Horntools

Findet man keinen Anschlagpunkt für das Windenseil, kann ein Erdanker weiterhelfen.

Windenanker

In manchen Momenten ist weit und breit kein Baum oder großer Felsbrocken als Ankerpunkt für die → Seilwinde, den → Greifzug oder den → Hooist zu finden und das zweite Fahrzeug fehlt ebenfalls. In diesen Fällen kann ein Winden- oder Erdanker helfen. Er wird im Boden vergraben und soll so einen stabilen Ankerpunkt bilden. Der Nachteil: auf harten, steinigen oder felsigen Böden lässt er sich nur schlecht oder gar nicht einsetzen.

Zur Fahrzeugbergung mit dem Erdanker sollte dieser möglichst tief in die Erde eingegraben werden. Je nach Modell sorgt der Zug am Windenseil dafür, dass der Anker sich weiter eingräbt. Das ist jedoch sehr von der jeweiligen Bodenbeschaffenheit abhängig. Lässt sich der Anker in sandigem oder schlammigem Boden relativ problemlos verankern, macht ein steiniger, harter Boden viel Mühe, bevor man hier wirklich festen Halt und damit einen stabilen Ankerpunkt bekommt.
Sitzt der Anker fest im Boden, kann man das Windenseil einhaken und mit der Bergeaktion beginnen. Hier kann es unter Umständen hilfreich sein, das Seil über das unter dem Seil aufgestellte Ersatzrad laufen zu lassen. Sitzt das Fahrzeug tief im Sand oder im Schlamm, hilft der zusätzliche Zug nach schräg oben, den Wagen freizubekommen.

TIPP 1: Wichtig: Sicherungsmaßnahmen treffen. Eine Beschwerung auf dem Seil und eine aufgestellte Motorhaube helfen bei einem Seilriss oder einem ausbrechenden Anker genauso dabei, Verletzungen zu vermeiden, wie ein ausreichender Sicherheitsabstand der beteiligten Personen außerhalb des Fahrzeugs.

TIPP 2: Für verschiedene Ankermodelle sind Bruchlasten oder ein maximaler Zug angegeben. In den meisten Fällen ist aber davon auszugehen, dass der Anker aus dem Boden gezogen wird, bevor er bricht. Hinzu kommt, dass die Kette immer am schwächsten Glied bricht. Daher sollte man unbedingt auch auf die Bruchlasten von Seil und Schäkeln achten. Ein Anker, der 6 Tonnen Zug aushält, sollte also nicht mit einem Schäkel befestigt werden, der nur die Hälfte oder weniger verträgt.

Verschiedene Hersteller von Windenankern und ihre Bauweise und Anwendung

Für Erd- oder Windenanker setzen die Hersteller auf unterschiedliche Systeme. Zur Veranschaulichung habe ich im Folgenden einige Hersteller aufgeführt und erläutere ihre Systeme.

ARB Erdanker

Der ARB-Erdanker wird von der australischen Firma Anchor Right produziert. Die ARB-Ausführung ist jedoch schwarz beschichtet. Der klappbare Anker lässt sich zum Transport klein zusammenlegen. Wird er benötigt, werden die beiden Schaufelblätter ausgeklappt. Das maximale Zuggewicht ist mit knapp 5,5 Tonnen angegeben. Mittlerweile sind ähnliche Nachbauten erhältlich, wozu unter anderem auch der Anker von Horntools zählt. Der ARB-Anker unterscheidet sich von ihnen vor allem in Gewicht und in den beiden hinteren Enden der Fluken, die hier anders ausgeformt sind, sowie verschiedenen anderen kleinen Details. In Deutschland ist der ARB-Erdanker, wie alle ARB-Produkte, über Taubenreuther sowie die angeschlossenen Händler zu bekommen.
www.offroad24.de

Britpart Hi-Lift-Anker

Hat man einen Hi-Lift auf der Tour dabei, lässt er sich mit dem Ground-Anchor-Set von Britpart zum Erdanker umfunktionieren. Das fünfteilige Set wird mit Bolzen so am Hi-Lift befestigt, dass er zum Windenanker wird. Es funktioniert allerdings nur in Verbindung mit dem 4-Fuß-Hi-Lift (ca. 120 Zentimeter). Zu dem ohnehin schon hohen Gewicht des Jacks kommen dann nochmal rund 21 Kilo hinzu. Über die Britpart-Webseite können deutsche Britpart-Händler angefragt werden, die dann auch einen Preis in Euro nennen können.
www.britpart.com

Britpart Ground-Anchor-Set

Eine gänzlich andere Lösung stellt das Ground-Anchor-Set von Britpart dar. Hier wird mit zwei Flacheisen und massiven Erdnägeln gearbeitet. Die Flacheisen sind an einem Ende mit einem Schäkel verbunden und verfügen über drei Aussparungen, durch die die Erdnägel gesteckt und in den Boden geschlagen werden. Wie alle Britpart-Produkte kann auch das Ground-Anchor-Set über die deutschen Britpart-Händler bezogen werden. Dass bei diesem System allerdings ein stabiler Hammer ebenfalls im Auto liegen sollte, versteht sich von selbst.
www.britpart.com

Deadman Earth Anchor

Der Deadman wurde von Briant White und seinem Freund Jason Young entwickelt, als sie auf der Suche nach einer leichten, gut zu verstauenden, aber effektiven Bergehilfe für ihre Offroad-Abenteuer in Kalifornien waren. 2017 startete Briant zusammen mit Daniel Norwood eine Kickstarter-Kampagne, um das mittlerweile ausführlich getestete Produkt auf dem Markt zu bringen. Der Deadman besteht aus einer stabilen Plane mit vier Gurtschlaufen an den Enden und wird zur Fahrzeugbergung so im Boden vergraben, dass lediglich die Gurte herausstehen. Um ihn zu begraben, muss allerdings ein etwa knietiefes Loch gebuddelt werden. Je nach Beschaffenheit des Bodens kann das eine schweißtreibende Angelegenheit werden. Eine stabile Schaufel sollte also ebenfalls an Bord sein. Dafür entfällt das Ausbuddeln des Deadman komplett. Das Seil wird nach der Bergung ausgehakt und an einer der vier Gurtschlaufen befestigt (alternativ kann man einen am Fahrzeugheck befestigten Bergegurt verwenden). Dann wird der Deadman einfach aus seinem Grab gezogen.
www.deadmanoffroad.com

Erdanker zweiteilig

Dieser Anker aus verzinktem Stahlblech besteht aus zwei Teilen, die beim Gebrauch ineinandergesteckt werden. Dadurch lässt er sich zum Transport flach zusammenlegen und nimmt nicht so viel Platz weg wie ein einteiliger Anker. Die Schaufel besteht aus sechs Millimeter starkem, verzinktem Stahlblech, das Zugstück aus 15 Millimeter starkem Stahl. Zur Fahrzeugbergung wird es in das Schaufelblatt eingesteckt und über einen Schäkel mit dem Windenseil verbunden. Bei Zug soll sich das Schaufelblatt immer tiefer in den Boden ziehen und die Haltekraft sich so erhöhen. Der Anker ist jedoch nicht für steinige Böden geeignet.

www.discovery-parts.de & www.mehari-offroad.de

Erdanker mit Stahlheringen

Der zweilaschige Erdanker mit Stahlheringen funktioniert nach dem gleichen Prinzip wie der Britpart-Ground-Anchor oder die beiden Igel-Anker. Die beiden Laschen werden v-förmig ausgelegt und mit den stabilen Heringen im Boden verankert. Anschließend wird der Haken vom Windenseil am Schäkel, der die beiden Laschen verbindet, eingehängt. Die Konstruktion soll rund 5 Tonnen Zug aushalten, ist dabei aber 7 Kilo leichter als der Britpart-Anker und rund 10 Kilo leichter als der zweilaschige Igel-Anker. Da sich dieses Anker-System komplett auseinandernehmen lässt, kann es gut im Fahrzeug verstaut werden und nimmt im Gegensatz zu anderen Erdankern nur wenig Platz weg.

www.mehari-offroad.de

Horntools Totmannanker

Der Horntools-Anker ähnelt dem ARB-Anker. Er lässt sich ebenfalls zum Transport zusammenklappen und zum Teil auseinandernehmen. Dabei wird das zweiteilige Schaufelblatt nach oben geklappt und der Handgriff abgenommen. Eine Transporttasche sorgt für Sauberkeit im Fahrzeug. Wird er benötigt, wird mit der Seilwinde langsam Zug auf den Anker gegeben, während eine zweite Person ihn am Handgriff schräg zur Zugrichtung führt, damit sich der Anker ähnlich einer Pflugschar in den Boden gräbt. Dieser Vorgang erfordert jedoch viel Kraft. Die maximale Belastbarkeit liegt bei 6 Tonnen, das Eigengewicht bei stattlichen 19 Kilo.

www. horntools.com

Igel Erdanker

Der Erdanker von Igel wird von Feuerwehren und vom THW eingesetzt. Er ist kein Anker im klassischen Sinn, sondern besteht je nach Ausführung aus zwei oder drei feuerverzinkten Flacheisen mit den Maßen 600 x 6 x 60 Millimetern. In jedem Flacheisen befinden sich fünf Löcher mit 31 Millimetern Durchmesser. Acht oder zwölf schwarze oder feuerverzinkte, 80 Zentimeter lange Erdnägel und ein 6,5-Tonnen-Schäkel ergänzen das System. Für die Fahrzeugbergung werden die Flacheisen in V-Form auf dem Boden ausgelegt und die Erdnägel durch die Löcher in die Erde geschlagen. Die dadurch entstehende Kraftverteilung sorgt für eine maximale Zuglast von 6,5 Tonnen.

www.igelgmbh.de

MB-Corse Erdanker

Der Erdanker von MB-Corse ist, genau wie die MB-Corse-8274-Power-Winch, eine Eigenentwicklung von Manfred Brigadoi. Mit seinen spektakulären Offroad-Boliden ist er auf vielen Trophys unterwegs. Primär für diesem Zweck entworfen, hat der Anker daher eine stattliche Länge von weit über einem Meter. Die Schaufel besteht aus drei Millimeter starkem Weldox-

Stahl, der Rest aus massivem, 2,5 Millimeter starkem 40x40-Millimeter-Vierkantrohr. Kantungen im Schaufelblatt sollen für Halt im Untergrund sorgen. Trotz der massiv erscheinenden Abmessungen bleibt das Gewicht des Ankers unter 9 Kilo. Damit lässt er sich nicht nur auf einer Trophy-Veranstaltung ein paar Meter tragen, sondern auch auf der Offroad-Tour dabeihaben.
www.8274power.com

Pull Pal Windenanker
Der Pull Pal ist der Veteran unter den Erdankern. Seit rund 25 Jahren stellt die amerikanische Firma ihren Windenanker bereits her und behauptet stolz, nach wie vor den besten Erdanker zu produzieren, der auf dem Markt verfügbar ist. Laut Hersteller wird er daher auch von Rettungskräften, der Polizei und sogar von Militär bei Kampfeinsätzen verwendet. Der faltbare Anker ist in verschiedenen Größen erhältlich. Zusammengefaltet ist er etwa halb so groß wie ein Hi-Lift. Für den Transport ist eine am Fahrzeug montierbare Halterung oder eine Tasche erhältlich.
Kein deutscher Importeur.

Spade Anchor
Der Anker von Spade ist ein echter Bootsanker. Um zu beweisen, wie gut er hält, hat der Hersteller ein Video gedreht (zu finden auf *YouTube* unter Spade Anchor) in dem ein Dodge Ram den Spade am Strand durch den Sand zieht. Dabei gräbt sich der Anker nach ein paar Metern in den Boden und stoppt den dicken Pickup so eindrucksvoll, dass man ihn auch als Erdanker zur Fahrzeugbergung empfehlen kann. Der Spade ist aus verzinktem Stahl, Edelstahl, und seewasserfestem Aluminium sowie in verschiedenen Größen erhältlich. Für den Test mit dem Dodge Ram verwendete der Hersteller den Anker Spade 100 aus Alu, der rund 12 Kilo auf die Waage bringt und mit gut 1100 Euro zu Buche schlägt. Für leichtere Geländewagen, Side-by-Sides oder ATVs sollte allerdings auch ein kleinerer Anker reichen, für schwere Lkw ist er aber auch in größeren Dimensionen erhältlich.
www.proyacht.de

Alternativen
Hat man keinen Erdanker dabei, kann das Ersatzrad eine Alternative bieten. Mit dem daran angebrachten Windenseil wird es in einiger Entfernung vom Fahrzeug eingegraben, wobei es nicht flach liegen, sondern möglichst aufrecht stehen sollte. Auch diese Möglichkeit funktioniert in weichem Boden besser als in hartem, steinigem Untergrund. Ist der Boden zu weich, besteht allerdings die Gefahr, dass das Rad aus dem Boden gezogen wird, statt als fester Ankerpunkt zu dienen. Dann hilft nur noch tiefer zu graben oder die Druckfläche zu erhöhen. Dazu eignet sich alles, was Fläche bietet oder entsprechend sperrig ist. Ein Hi-Lift hinter dem Rad befestigt oder Fußmatten oder Sandbleche vor dem Rad können hier helfen. In jedem Falle sollte man aber – egal ob mit Bergeanker oder Alternativen gearbeitet wird – möglichst viel Sand, Erde, Schlamm oder große Steine, die das Weiterkommen verhindern, vor und unter dem Fahrzeug entfernen. Eine gute Schaufel bleibt also unverzichtbarer Bestandteil der Bergeausrüstung.

Hat man keinen Erdanker dabei, kann das vergrabene Ersatzrad eine Notlösung sein.

Bild Pistenkuh

Sandbleche und Berge-Boards

Sandbleche oder Berge-Boards können bei der Fahrzeugbergung eingesetzt werden, um zum Beispiel im Sand oder Schlamm durchdrehenden Rädern zu Grip zu verhelfen. Dabei werden sie vor oder unter dem Rad platziert. Beim Anfahren soll das Rad dann über das Sandblech fahren und ein weiteres Durchdrehen verhindert werden. Diese Bergehilfen sind aus Stahl, Aluminium oder Kunststoff erhältlich.

An klassischen Offroadern wie dem Land Rover Defender, dem Buschtaxi von Toyota oder auch den großen Allrad-Reisemobilen auf Lkw-Basis sieht man oft Sandbleche aus Aluminium oder Stahl außen am Fahrzeug. Es verfügt über drei Reihen mit gestanzten, großen Löchern und über die ganze Länge gekanteten Sieken. Da diese Art von Sandblech ursprünglich als Luftlandeblech erfunden wurde, ist es für den Einsatz im Gelände jedoch nur eingeschränkt tauglich. Denn die Form – zumindest die ursprüngliche – ist für die Fahrzeugbergung leider oft

Das klassische Sandblech ist oft außen an Geländewagen für die Reise montiert. Für den Bergeeinsatz ist es jedoch nicht immer die beste Wahl.

Mittlerweile gibt es viele Alternativen aus Kunststoff. Die Auswahl ist groß, die Preise reichen von günstig bis teuer.

nur begrenzt geeignet. Das liegt vor allem daran, dass fertigungsbedingt nur eine Seite des Blechs Halt bietet, während die andere glatt ist. So findet entweder der Reifen Grip, während das Blech ungehindert über den Untergrund rutschen kann, oder das Blech hat einigermaßen Halt im Boden, während das Rad munter aber ohne Vortrieb über die glatte Fläche rotiert. Doch die Zeiten, da man nur die Wahl zwischen einem Sandblech aus Aluminium oder aus Stahl hatte, sind vorbei. Mittlerweile sind die Anfahrhilfen nicht nur aus den unterschiedlichsten Materialien, sondern auch in verschiedenen Formen, Größen, Gewichten und sogar Farben zu bekommen. Um hier die richtige Traktionshilfe zu finden, spielen – wie so oft beim Geländefahren – ein paar Faktoren eine Rolle: Wo soll die Reise hingehen? Wie ist die Bodenbeschaffenheit des Geländes? Müssen Gräben überbrückt werden? Müssen längere Spuren gelegt werden? Und nicht zuletzt spielt auch der Preis eine Rolle. Denn so groß heute die Bandbreite an Materialien und Formen der verschiedenen Produkte ist, so groß ist auch die Spannweite der Preise. Von rund 100 bis knapp 500 Euro für das Paar Bergehilfen ist alles vertreten.

Testet man verschiedene Bleche und Boards in der Praxis auf ihre Tauglichkeit, so werden auf der einen Seite einige Annahmen bestätigt, auf der anderen Seite sorgt das durchaus für echte Überraschungen. Denn, wie zu erwarten, stellt sich das klassische Luftlandeblech als Anfahrhilfe tatsächlich nicht als die erste Wahl heraus. Auch für den Brückenbau eignen sich nur verstärkte Ausführungen mit verbesserten Abkantungen oder aufgeschweißten Verstärkungen, die das Material stabiler machen,

Sandbleche lassen sich auch für den Bau von kurzen Brücken verwenden.

Allerdings eignen sich dafür nur verstärkte Versionen, …

… die einfachen Bleche verbiegen sich dabei.

oder die durch eingestanzte, kleinere Löcher mit Dom mehr Grip bieten.
Eine echte Alternative bieten die verschiedenen Sand-Boards aus Kunststoff. Durch ihre Form können sie sich sowohl im Untergrund festkrallen als auch dem Reifen genug Grip bieten. Mit einigen Modellen ist sogar der Bau einer kurzen Brücke möglich. Auch um Absätze zu überwinden sind die Kunststoff-Boards durchaus geeignet. Zur Not baut man ein wenig unter. Eine Lösung mit Mehrfachnutzen ist die »Uniko6in1«. Sie ist faltbar,

Auch bei den Kunststoffboards gibt es welche, die für den Brückenbau geeignet sind.

Die leichten Boards eignen sich aber auch, um Stufen und andere Hindernisse zu überwinden. Zur Not baut man etwas unter.

Die Uniko6in1 ist faltbar und lässt sich so dem Untergrund anpassen.

Außerdem kann sie in mehreren Höhen als Ausgleichskeil am Standplatz verwenden.

Mit den Offroadprofilen von Relleumdesign werden sie sogar zum starren Bergeboard.

weswegen man sie auch als Ausgleichskeil am Standplatz oder für viele andere Dinge nutzen kann. Kombiniert man sie mit den Offroadprofilen von Relleumdesign, die sich seitlich aufstecken lassen und so drei der Elemente fest miteinander verbinden, kann man damit auch kurze Gräben überqueren.

Bevor es losgeht, sollte man sich aber Gedanken machen, ob ein Sand-Board auf der geplanten Tour überhaupt einsetzbar ist oder ein klassisches Sandblech vielleicht doch die bessere Wahl darstellt. Denn das lässt sich zum Beispiel im Wüstensand gut einsetzen, im Schlamm oder gar Schnee kämpft man damit dagegen oft auf verlorenem Posten. Außerdem stellt sich natürlich die Frage, ob man es auf der Tour überhaupt benötigt. Geht es lediglich über Schotterpisten und Feldwege, kann man in der Regel darauf verzichten.

Historie

1941 wurde in den USA in Marston in North Carolina ein speziell geformtes Blech zum schnellen Bau von Landebahnen für Militärflugzeuge entwickelt: das Luftlandeblech. Im Zweiten Weltkrieg wurde es von den Amerikanern in großer Stückzahl produziert und eingesetzt. In Amerika ist daher auch der Name Marston Matting geläufig. Das Originalblech verfügt seitlich über Haken, die die einzelnen Bleche miteinander fest verbinden. So lässt sich schnell eine mehr oder weniger ebene Fläche schaffen, auf der man mit schwerem Gerät rangieren oder eben mit einem Flugzeug landen kann, ohne dass die Räder einsinken oder nach kurzer Zeit Schlammgruben entstehen.

Später fand dieses Blech, das über die typischen Reihen großer Löcher und die versteifenden Sicken verfügt (die ersten Versionen wiesen dies übrigens noch nicht auf), seinen Weg in die Fahrzeugbergung. Für die Nutzung der sehr langen Originalbleche als Bergehilfe wurden sie auf ein handhabbares Maß gekürzt und die seitlichen Haken entfernt.

Begriffe für dieses Stück Blech oder auch Aluminium gibt es mittlerweile viele. So wird es als Marston Mat, Airfield Mat, Landing Mat oder PSP für Pierced Steel Planking bezeichnet, ist aber auch unter Sand Ladder, also Sandleiter, oder eben Sandblech bekannt. Die für den Offroad-Einsatz produzierten Bleche werden heute gleich ohne störende Haken und in praktikabler Länge produziert. Während manche Hersteller an der klassischen Version festhalten, haben andere ein paar Veränderungen vorgenommen, die das Sandblech für den Einsatz unter einem Geländewagen geeigneter machen sollen.

Das klassische Sandblech wurde eigentlich als Luftlandeblech erfunden. Dieses Blech aus Stahl wurde für den Offroadeinsatz gekürzt und die seitlichen Haken entfernt.

TIPP 1: Beim Einsatz eines Sandblechs oder Sand-Boards bedenken, dass es vom Reifen nach hinten oder vorn weggeschleudert werden kann. Daher sollte sich hinter oder vor dem Fahrzeug niemand aufhalten. Die Verletzungsgefahr ist enorm.

TIPP 2: Ein Sand-Board oder Sandblech kann sich bei einer Bergeaktion schnell im Sand oder Schlamm vergraben. Dann ist Suchen und Graben angesagt. Um das Blech schnell wiederfinden zu können, kann man eine Leine daran befestigen. Sie bleibt meist sichtbar und oft genug kann man das Board daran aus dem Sand oder Matsch herausziehen. Die Leine sollte jedoch nicht am Fahrzeug befestigt werden, damit das Blech hinterhergezogen wird. Denn es kann durch einen Ruck in Richtung Fahrzeug geschleudert werden und Schäden verursachen.

TIPP 3: Hat man mehrere Sand-Boards oder -bleche zur Verfügung, zum Beispiel wenn man in einer Gruppe unterwegs ist, lässt sich in schwierigen Passagen damit auch eine Spur legen. Eventuell kann es dabei sinnvoll die Boards mit kurzen Leinen oder Gurten miteinander zu verbinden, damit sie beim Befahren in der Spur liegen bleiben.

Verschiedene Hersteller von Sandblechen und Sand-Boards und ihre Unterschiede

Da es auch bei den Sand-Boards eine Vielzahl von unterschiedlichen Produkten gibt, habe ich auch hier wieder einige Hersteller aufgeführt und gehe kurz auf ihre Lösungen ein.

ARB Tred Pro

Das ARB Tred Pro wird von der Firma Tred exklusiv für ARB gefertigt. Es besteht aus einem patentierten Komposit-Werkstoff und Fiberglas verstärkten Traktions-Zähnen. Das soll zum einen eine hohe Belastbarkeit garantieren, zum anderen sollen die Fiberglas verstärkten Zähne für Traktion und eine geringere Abnutzung sorgen.

Ein kleiner Kritikpunkt könnten jedoch die seitlichen Griffe sein. Sie sind nicht, wie bei verschiedenen anderen Boards, wie ein Griff, durch den man hindurchgreifen kann, gestaltet, sondern nur plastisch geformt. Beide Boards gleichzeitig in einer Hand zu tragen, könnte daher etwas schwierig werden. Beim geringen Gewicht von 4 Kilo ist das jedoch ein (sehr) vernachlässigbarer Aspekt.

www.offroad24.de

Bushranger X-Trax II

Das X-Trax ist eine flexible Anfahrhilfe aus Gummi. Nichts, was hochschlagen und Schaden am heiligen Blech verursachen kann. So passt sich die Anfahrhilfe dem Untergrund an und nichts steht hoch oder kann brechen. Die X-Trax werden in einer Kletttasche geliefert, die nicht nur dem Transport dient, sondern in der gleich auch Anwendungstipps aufgedruckt sind.

Der Nachteil: Die Matte kann unter dem Reifen wegrollen und sich in den Sand graben. Hinzu kommt ein eher schwieriges Handling beim aus- und unter den Reifen legen sowie das recht hohe Gewicht für das Paar.

www.offroad24.de

Genigrip-Anfahrhilfe

Die Genigrip-Anfahrhilfe ist ein Schweizer Produkt und nicht nur für den Einsatz im Sand geeignet. Auch auf Eis soll sie gute Dienste leisten. Sieht man die massiven Schrauben, die durch das eigens für den Hersteller gefertigte und stabile Polyethylen geschraubt sind, kann man sich gut vorstellen, dass sie sich bei Belastung tief in den gefrorenen Untergrund bohren dürften. Ein Vorteil der Genigrip ist die Möglichkeit beliebig

viele Elemente fest miteinander verbinden zu können. Der Nachteil liegt vor allem in ihrer eher umständlichen Handhabung und der Sperrigkeit beim Verstauen.
www.genigripp.com

GFK-Sand-Boards Akkakus & Womo

Die GFK-Boards von Sandbleche.de sind mit ihrer Granulatbeschichtung supergriffig, durch das Grundmaterial superflexibel und in der kurzen Version auch noch superleicht. Zum anderen kommt bei der Oberfläche schnell das Gefühl auf, ein Schleifbrett mit Körnung Null in der Hand zu haben. Ohne Handschuhe geht hier gar nichts. Das macht leider nicht nur die Handhabung, sondern auch die Aufbewahrung etwas schwierig.

Im Fahrzeug will man sie so kaum haben, und für die Aufbewahrung außen am Fahrzeug fehlen in der Standard-Version Aufnahmelöcher, mit denen man sie zum Beispiel an Airline-Schienen befestigen könnte. Kay Kratochwil, Erfinder und Hersteller der GFK-Boards, bringt daher die passenden Löcher bei Bestellung jederzeit an, wenn man ihm das gewünschte Lochmaß und die Abstände mitteilt. Laut seiner Aussage reichen zwei Löcher aus, um die Boards sicher zu befestigen. Außerdem ist eine Filztasche erhältlich, in der die Boards aufbewahrt und im Fahrzeuginneren transportiert werden können. Ein weiterer Pluspunkt ist der Umstand, dass man die Boards jederzeit einschicken kann, um sie kostenfrei neu mit Granulat beschichten zu lassen, wenn es sich abgenutzt hat. Das ist echter Kundenservice.
sandbleche.de

GFK-Waffelboards

Die Waffelboards aus GFK sehen ein wenig nach Kellerschachtabdeckung aus und sind aufgrund ihrer Größe und Dicke eher unhandlich. Dennoch: Wer etwas sucht, womit sich nicht nur gut aus dem Sand kommen lässt, wenn man sich darin festgefahren hat, sondern auch ab und zu eine Brücke bauen muss, ist mit den Waffelboards sehr gut bedient.
Allerdings sollte auch sie wegen der Quarzsandbeschichtung nicht ohne Handschuhe benutzen, aber sie erfüllen ihren Zweck besser als ein klassischen Sandblech.
www.mehari.de und *www.nakatanenga.de*

GMB Pionierblech H1300, H1500 & Rallye HR1300

Die Alu-Sandbleche von GMB-Mount sind eine Weiterentwicklung des klassischen Luftlandeblechs. Durch die tiefen Sicken sind sie nicht nur stabiler als das klassische Sandblech, sondern im Untergrund auch etwas griffiger. Oben sorgen dann die kleinen, eingestanzten Dome für etwas mehr Grip der Reifen. Durch die Kantungen sind sie auch für den Brückenbau geeignet.

Im Gegensatz zu den Waffelboards biegen sich die GMBs beim Überfahren nur ganz leicht durch. Wählt man die 1300er-Bleche, passen sie auch außen an die Seite des Defender. Wem das blanke Alu nicht gefällt, kann sie auf Anfrage auch in schwarz eloxiert ordern, was jedoch nach dem ersten Einsatz nicht mehr ganz makellos sein dürfte.
www.gmb.mount.de

Grip & Go Sandtracks

Die Grip & Go Sandtracks bestehen aus drei miteinander verbundenen, profilierten Kunststoffteilen. Für den Transport lassen sie sich zusammenfalten. Beim Einsatz lassen sie sich durch die beiden Gelenke ein wenig dem Untergrund anpassen und stehen nicht hoch wie ein starres Board. Das minimiert gleichzeitig das Beschädigungsrisiko am Fahrzeug, da nach dem Überfahren nicht das komplette Board hochschlagen

kann. Mit dabei: eine wirklich lange Fangleine. Sie besteht zwar nur aus einem einfachen Nylonseil, erfüllt jedoch ihren Zweck.
www.frontrunneroutfitters.com/de

Hebe Kunststoffsandblech

Die Hebe-Sandbleche sind in drei verschiedenen Ausführungen beziehungsweise Größen erhältlich. Alle bestehen aus Kunststoff, verfügen über eine Profilierung und sind an den Rändern abgeflacht, was es leichter machen soll, das Board unter die Reifen zu schieben.

Durch die unterschiedlichen Formen und Größen sind sie für verschiedene Fahrzeuge geeignet. Die Hebe-Boards werden in Deutschland über Genesis-Import vertrieben.
www.genesis-import.de

Ironman Total Traction by Tred

Die australische Firma Ironman setzt beim Total Traction ebenfalls auf die Erfahrung von außen. Wie auch das ARB Tred Pro wird das Total Traction von Tred gefertigt, hat aber eine andere Form als die beiden Tred-Boards, die von Tred selbst vertrieben werden. Qualitativ ist das Ironman-Board mit dem Tred GT vergleichbar. Das Ironman-Board ist – passend zur Firmenfarbe – nur in grün erhältlich.
www. genesis-import.de

Maximum Traction

Das Maximum Traction, das von Nakatanenga vertrieben wird, gehört zu den günstigeren Boards. Dennoch ist die Qualität sehr hoch. Das Board verformt sich bei Belastung kaum, das Material dehnt sich auch bei hoher Belastung nicht oder reißt gar aus, und auch der Abrieb hält sich mehr als in Grenzen. Auch dieses Sand-Board besteht aus Kunststoff und verfügt über

Noppen und Profilierung. Damit ist das Board eine robuste, griffige Bergehilfe, die darüber hinaus nicht zu viel kostet.
www.nakatanenga.de

Maxtrax Extreme

Das Maxtrax Extreme ist ähnlich aufgebaut wie das ARB Tred Pro. In puncto Qualität und Stabilität nehmen sich die beiden Boards nicht viel. Beide sind grundsolide und dürften auch im harten Einsatz lange halten. Die ausgeschnittenen Griffe des Maxtrax machen das Handling etwas einfacher als beim ARB-Tred, dafür liegt der Preis leider um einiges höher.
www.frontrunneroutfitters.com/de

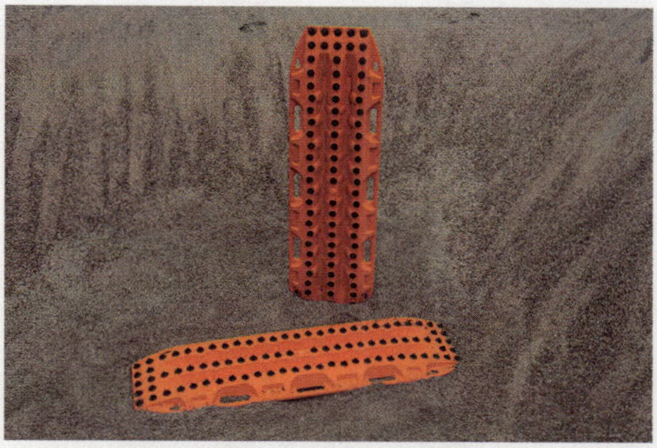

Maxtrax MK II

Das MK II von Maxtrax hat die gleiche Form wie das Maxtrax Extreme, verfügt allerdings nicht über die fiberglasverstärkten Noppen. Bei intensi-

vem Gebrauch erhöht sich dadurch der Verschleiß. Hier zeigt sich, warum die verstärkten Zähne beim Extreme und beim ARB-Board Sinn machen. Daher dürfte das Board im harten Einsatz wohl nicht ganz so lange halten wie das Maxtrax Extreme. Braucht man es nur gelegentlich, sollte es aber ausreichen, zumal es deutlich günstiger ist als das Extreme.
www.bergetools.com

Militär-Sandblech
Das klassische Militär-Luftlandeblech aus Stahl verfügt im Original über seitliche Haken und hat üblicherweise eine Länge von rund 3 Metern. Für den Offroad-Einsatz wird es ohne die seitlichen Haken und auf ein handhabbares Maß gekürzt angeboten. Vergleicht man das Gewicht vom Stahl- mit dem Alublech, kommt man fast auf den doppelten Wert. Das bringt nicht nur unnötige Kilos auf die Achsen, es dürfte auch alles andere als ein Vergnügen sein, so ein Blech bei sengender Sonne in der Wüste unter den Reifen zu wuchten.

Das Original-Luftlandeblech ist zwar oft günstig zu bekommen, für den Einsatz im Gelände jedoch nur sehr bedingt geeignet. Da die eine Seite komplett glatt ist, dreht entweder der Reifen darauf durch oder, andersherum verwendet, rutscht es über den Untergrund. Auch zum Brückenbau ist es nur geeignet, wenn man es unterbaut, da es sich sonst verbiegt.
Diverse Shops oder gebraucht

Nakatanenga Allround Sandblech 2-reihig, Standard & Heavy Duty.
Das Standard-Sandblech von Nakatanenga gleicht dem klassischen Stahlsandblech, wird aber gleich ohne die seitlichen Haken und in handhabbaren Größen gefertigt. Mit dem »Allround« bietet der Offroad-Zubehörspezialist aus Neumarkt zusätzlich ein verkürztes und schmäleres Exemplar an, mit dem Heavy Duty eine verstärkte Version.

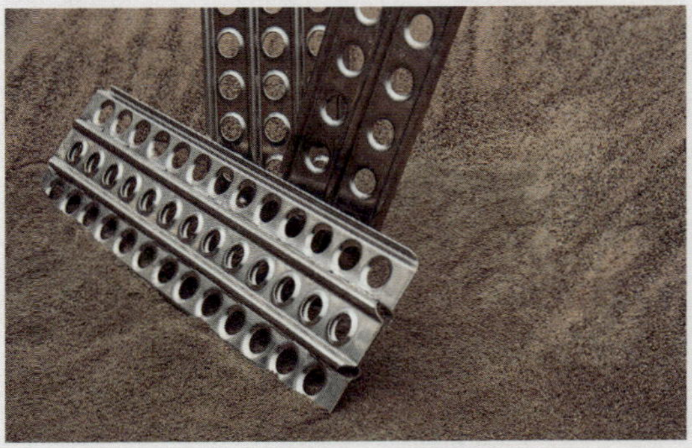

Während sich das Standardblech ebenfalls nur mit Einschränkungen für den Brückentest eignet, ist das verstärkte »Heavy Duty« auch ohne Unterbau dafür geeignet. Das Blech verbiegt sich dabei nur ganz leicht, da die in der Mitte der Unterseite aufgeschweißten Sandblechstreifen für zusätzliche Stabilität sorgen. Nachteil beim Heavy Duty ist jedoch das Gewicht.
www.nakatanenga.de

Sand Trax Matte
Die Sand Trax Matte verfolgt das gleiche Konzept wie die Bushranger X-Trax. Sie besteht aus Gummistreifen, die auf ein 3 Millimeter starkes Stahlkabel aufgezogen sind. Die Enden des Kabels sind mit Seilklemmen verbunden. Auf das Kabel gesteckte Kunststoff-Röhrchen sorgen für Abstand zwischen den Gummistreifen. Die Streifen selbst gleichen dem Material, wie es für Förderbänder verwendet wird. Dadurch wirkt die 1,5 Meter lange und 22 Zentimeter breite Matte

ein wenig, als sei sie der Ideenwerkstatt eines ambitionierten Hobby-Bastlers entsprungen. Dennoch ist sie für die Fahrzeugbergung gut geeignet. Sie ist jedoch recht schwer und, genau wie die X-Trax, nicht ganz einfach unter den Reifen zu legen. Außerdem fehlen eine Tasche oder ein Gurt, um sie aufgerollt zu fixieren. Daher rollt sie sich beim Transport schnell und ungewollt auf. Ihr größter Vorteil ist der günstige Preis.
www.frontrunneroutfitters.com/de

Tred HD & GT

Die beiden Tred-Boards unterscheiden sich vor allem durch ihre Stabilität. Während das HD bei Druckbelastung ohne Unterbau ohne Schäden am Material davonkommt, zeigen sich beim GT anschließend Verformungen im Kunststoff. Kein Wunder, denn es besteht aus einem anderen Material. Sonst gibt es – abgesehen vom Preis – jedoch keine nennenswerten Unterschiede zwischen den beiden Boards. Wer die Sandbretter also nicht übermäßig beansprucht, dürfte mit dem etwas günstigeren und geringfügig leichteren GT also durchaus klarkommen.
www.bergetools.com

Uniko6in1

Die Uniko6in1 ist die einzige Anfahrhilfe, die unterwegs einen echten Mehrfachnutzen bietet. Steht das Rad in einem Loch oder hat es sich eingegraben, lässt sich die Uniko dem Untergrund anpassen. Wie beim Grip & Go minimiert das Schäden und sorgt für einfacheres Herausfahren, da das Board nicht erst vom Reifen in Richtung Boden gedrückt werden muss. Als Anfahrhilfe erfüllt sie problemlos ihren Job. Die vier Segmente können außerdem als Nivellierkeil von 8 oder 12 Zentimeter Höhe zusammengefaltet werden. So lassen sich zum Beispiel problemlos Höhenunterschiede am Standplatz des Allrad-Reisemobils ausgleichen.

Außerdem lässt sich die Uniko als Keil gegen Wegrollen, als Trittstufe, Hocker oder als Unterbauklotz bei Reparaturen nutzen. Da sie mit bis zu 3,5 Tonnen belastbar ist, eignet sie sich auch für den Einsatz im Reise-Lkw. Zu ihren wenigen Nachteilen zählen das Gewicht und die Unhandlichkeit bei der Handhabung.
relleum.design

Uniko 6in1 mit Offroadprofilen
Ist die Uniko-Faltrampe schon ziemlich universell einsetzbar aber eben nicht zum Brückenbau geeignet, wird sie mit den Offroadprofilen von Relleumdesign zum stabilen Sand-Board, das wirklich was aushält. Die zwar recht kurze Brücke kann problemlos überfahren werden, ohne dass sich dabei irgendetwas verbiegt.

Da ein Segment bei der Montage frei bleibt, lässt sich dieses zum Beispiel auch in einem Sandloch unter den Reifen schieben, ohne dass der Rest des Boards steil nach oben weg steht und sich an der Stoßstange verfangen kann. Die Unikos mit den Relleum-Profilen sind zwar etwas kurz, um damit breitere Gräben zu überbrücken, dafür sind sie jedoch superstabil und bestens geeignet, um steile Absätze zu überwinden.
relleum.design

Hi-Lift & Wagenheber

Ist man im Gelände unterwegs, kann es schnell zu einer Reifenpanne kommen. Gut also, wenn man einen vernünftigen Wagenheber dabeihat. Im Folgenden beschreibe ich die vier wichtigsten Systeme, die für Offroader neben den Wagenhebern, die serienmäßig im Fahrzeug vorhanden sind, ein Rolle spielen. Die Produkte der hier gezeigten Hersteller dienen dabei nur als Beispiel. Bis auf den ARB Jack sind sie auch von anderen Herstellern zu bekommen.

Hi-Lift

Der Hi-Lift und seine diversen Nachbauten gelten gemeinhin als der ultimative Wagenheber für Geländefahrzeuge. Sie sind robust, haben ordentlich Hubhöhe und lassen sich auch zum Bergen des Fahrzeugs oder zum Abdrücken des Reifens von der Felge verwenden.

Der Hi-Lift verfügt als zentrales Element über eine gelochte Hubstange, die das Profil eines Doppel-T-Trägers hat. An ihr läuft der Hubmechanismus, an dem die Hubklaue sitzt, nach oben oder unten. Der Mechanismus verfügt über zwei federgelagerte Bolzen, die in zwei der übereinanderliegenden Löcher greifen. Ist keine Last auf der Klaue, kann der Mechanismus frei bewegt werden und so in die richtige Position geschoben werden. Über einen Hebel kann bestimmt werden, ob es nach oben oder nach unten gehen soll. Fängt man mit dem am Mechanismus einsteckbaren Hebelarm an zu hebeln, wird einer der beiden Bolzen zurückgezogen und der Mechanismus nach oben oder unten bewegt. Der andere Bolzen hält die Hubmechanik an Ort und Stelle. Wird der Arm zurückgeführt, rastet der zurückgezogene Bolzen ein, der andere wird freigegeben und zum nächsten Loch geführt, wo er dann wieder einrasten kann. So lässt sich eine Last Stück für Stück nach oben oder unten hebeln.

Wer den Hi-Lift jedoch schon öfter benutzt hat, kennt auch seine Nachteile. Er ist schwer, unhandlich, man klemmt sich schnell die Finger, und sobald keine Last mehr auf der Hubklaue ist, saust der Mechanismus ungebremst nach unten. Und außerdem findet sich an allem, was nicht so kantig wie ein Jeep oder ein Defender ist, nur schwer einen Ansatzpunkt, an dem man den Offroader auch anheben kann. Denn für das sichere Anheben des Fahrzeugs ist es wichtig, dass auch Aufnahmemöglichkeiten für die Klaue des Hi-Lifts vorhanden sind.

Bei vielen, gerade moderneren Fahrzeugen findet man für den Hi-Lift leider kaum noch eine geeignete Stelle, an der man ihn ansetzen kann. Abhilfe schafft hier diverses Zubehör, das man an den Rädern oder an anderen Stellen einhaken kann. Alternativ lassen sich natürlich massive Stahlstoßstangen am Fahrzeug montieren, die auch gleich über eine Hi-Lift-Aufnahme verfügen. So wie schon der Hi-Lift selbst, bringen jedoch auch Zubehör oder eine massivere Stoßstange zusätzliche Kilos auf die Waage.

Um den Hi-Lift im Wageninneren mitzunehmen, ist er zu groß, zu schwer und nach dem Einsatz auch schnell zu dreckig. Also muss er außen ans Fahrzeug. Hier bieten sich Halterungen für das Heck, die Motorhaube oder den Dachträger an. Je weiter oben man ihn anbringt, umso mehr erhöht sich jedoch der Schwerpunkt und das Fahrzeug kann bei Schrägfahrt schneller zur Seite kippen.

Hi-Lift
+ viel Hubhöhe
+ akzeptabler Preis
+ auch für andere Dinge einsetzbar
– nicht überall ansetzbar
– schwer und unhandlich

Der Hi-Lift gilt als der ultimative Off-road-Wagenheber. An modernen Fahrzeugen finden sich jedoch kaum noch Stellen, an denen man ihn ansetzen kann.

Abhilfe schaffen Haken, die in die Felgen eingehängt werden. Damit nichts abrutscht wird der Adapter fest mit dem Hi-Lift verschraubt.

Eine Gummiplatte drückt bei Heben auf Felgenhorn und Reifen. Die Haken sind gummiert, damit sie die Felgen nicht verkratzen.

So lässt sich der Wagen Stück für Stück nach oben hebeln. Dabei ist auf einen sicheren Stand des Wagenhebers zu achten.

Hat man den Offroader angehoben, wird zum Radwechsel ein Klotz oder ähnliches unter die Achse gelegt und das Fahrzeug darauf abgelassen.

Wegen seiner Länge wird der Hi-Lift meist außen am Fahrzeug transportiert. Die Aufnahme am Dachträger erhöht jedoch auch den Fahrzeug-Schwerpunkt.

ARB Jack

Relativ neu auf dem Markt ist der Hydraulik-Wagenheber von ARB. Bei seiner Entwicklung durften die ARB-Ingenieure so richtig aus dem Vollen schöpfen. »Entwickelt den besten Wagenheber auf dem Markt«, lautete die schlichte Anweisung aus dem Management. Ein Limit des Budgets gab es dabei nicht – was für eine traumhafte Ausgangsbasis. So besteht das Endergebnis aus robustem 6061-Aluminium, ist leicht zu bedienen und erfordert dabei auch noch kaum Kraftaufwand. Die beiden Hebel zum Heben und Ablassen können sehr feinfühlig bedient werden. Die Ablass-Funktion verfügt über zwei unterschiedliche Stufen. Im Standardmodus ist ein gleichmäßiges, kontrolliertes und stufenloses Ablassen möglich, im Notfallmodus öffnet sich das Ventil sofort und führt zum kompletten Ablassen des Jacks.

Die Höhe der Klaue, die zum Schutz vor Kratzern am Fahrzeug mit einer Gummimanschette versehen ist, lässt sich stufenlos voreinstellen. Der breite Fuß ist drehbar gelagert, für mehr Standfläche ist eine zusätzliche Unterlegplatte erhältlich. Der Hebel zum Hochpumpen des Fahrzeugs lässt sich leicht bedienen, Kraft muss man dabei kaum aufwenden. Genau wie der Hi-Lift ist jedoch auch der ARB Jack hauptsächlich

Der ARB Jack ist eine komplette Neuentwicklung, bei der die Ingenieure keine Limits hatten. Entsprechend ausgeklügelt ist das System.

Die Höhe der Klaue lässt sich stufenlos einstellen. Um Kratzer am Fahrzeug zu vermeiden, ist sie gummiert.

für kantige Fahrzeuge oder Offroader mit massiver Stahlstoßstange konzipiert, wie man sie in Australien im Outback eben fährt. An den schönen Rundungen, die die Fahrzeugdesigner heute gern zeichnen, oder den wenig stabilen Kunststoff-Bumpern, auf die die Controller bestehen, findet auch der ARB Jack keinen Halt, ohne dabei das Blech oder den Kunststoff etwas zu kaltverformen. Hinzu

Der Wagenheber aus robustem 6061-Aluminium ist kinderleicht zu bedienen. Beim Pumpen mit dem Hubhebel muss dabei kaum Kraft aufgewendet werden.

kommt der doch ziemlich hohe Preis, den man für diesen Rolls-Royce unter den Wagenhebern entrichten muss. In jedem Fall besitzt man dann aber ein echtes High-End-Produkt, und die kosten bekanntlich eben auch ein bisschen mehr.

ARB Jack
+ leichte Handhabung
+ ausreichend Hubhöhe
+ gut zu verstauen
– sehr hoher Preis
– nicht überall ansetzbar

Benötigt man mehr Standfläche, ist optional eine Unterlegplatte erhältlich. Das hilft vor allem bei weichen und sandigen Böden.

Die Ablassfunktion verfügt über zwei unterschiedliche Stufen. Damit ist langsames und kontrolliertes oder im Notfall schnelles und komplettes Ablassen möglich.

Der ARB Jack wird in einer robusten Tasche geliefert. Wegen seiner geringen Abmessungen kann er gut im Auto transportiert werden.

Bushranger X-Jack

Ganz ohne Hebelwirkung oder Hydraulik kommen als Wagenheber fungierende Luftsäcke, sogenannte Airjacks, aus. Ihr Prinzip besteht, einfach ausgedrückt, darin, genug Luft oder Abgase so lange in einen stabilen Sack zu pumpen, bis genug davon drin und so weit komprimiert ist, dass ausreichend Kraft entsteht, eine schwere Last anzuheben. Das klingt logisch, birgt in der Praxis aber ein paar Tücken. Zum einen muss das Material stabil genug sein, das Gewicht auch zu heben und robust genug sein, nicht an scharfen Kanten einzureißen. Außerdem kann der Luftsack auf rutschigen Untergründen schnell wegrutschen und sich in Richtungen ausbreiten, in die er nicht soll. Dabei kann er auf dem Boden zur Seite wegflutschen oder den zu wechselnden Reifen blockieren.

Gegen das Wegrutschen auf dem Boden verfügt der Bushranger X-Jack über mehrere stabile Kunststoffspitzen, an der Unterseite. Sie drücken sich beim Aufpumpen in den Untergrund und halten den Airjack in Position. Befüllt wird wahlweise über ein Standard-Reifenventil mit Druckluft aus einem Kompressor oder mit den Abgasen aus dem Auspuff. Letztere Methode sorgt jedoch für Ablagerungen im Inneren des Kunstsoffsacks, was mancher nicht unbedingt schön findet. Außerdem muss man den Schlauchadapter sehr gut auf das Auspuffendrohr drücken und auch gut festhalten, je mehr Druck entsteht. Hierbei sollten unbedingt Handschuhe (die beim Set dabei sind) getragen werden, da auch der Adapter mit der Zeit heiß wird. Die bessere Variante ist die Befüllung über einen Kompressor. Dabei wird auch der Airjack selbst nicht heiß und beim Ablassen der Luft steht man nicht in einer Abgaswolke. Für Fahrzeuge, an denen es nur wenige Ansatzpunkte für den Wagenheber gibt, ist der X-Jack eine gute Alternative. Seine Handhabung ist jedoch aufwändig.

Bushranger X-Jack
+ flaches Packmaß
+ hohe Tragkraft
+ hinterlässt keine Schäden
- aufwändige Handhabung
- hoher Preis

Der X-Jack ist ein stabiler Kunststoffsack, der mit Luft oder Abgasen gefüllt wird. Er kommt ganz ohne Hebelwirkung oder Hydraulik aus.

An der Unterseite sind spitze Kunststoffdorne angebracht, die ein Wegrutschen verhindern sollen. Gerade auf rutschigen Untergründen wandert der Airjack sonst gern zur Seite statt nach oben.

Der X-Jack kann über einen Schlauch mit dem Auspuff verbunden und so gefüllt werden. Die bessere Variante ist, ihn über das Autoventil mit einem Kompressor aufzupumpen.

Eine stabile Gummimatte, die im Lieferumfang dabei ist, schützt den Jack zusätzlich vor Beschädigungen durch scharfe Kanten am Fahrzeug.

Während man beim Befüllen über den Auspuff, den Schlauchadapter am Auspuff festhalten muss, geht das Aufpumpen mit dem Kompressor schnell und problemlos.

Sieht seltsam aus, hebt den Wagen aber problemlos in die Höhe. Allerdings muss man darauf achten, dass der Airjack beim Hochpumpen nicht den zu wechselnden Reifen blockiert.

Beim Verpacken des Airjack sind Sorgfalt und etwas Vehemenz gefragt, sonst passt er nicht zurück in die Transporttasche. Verpackt ist er zwar recht flach aber hat rund 70 Zentimeter Durchmesser.

Hydraulik Stempelwagenheber

Sie sind millionenfach bewährt: die klassischen Stempelwagenheber. Ein ölgefülltes Gehäuse, ein Presskolben, eine Pumpvorrichtung mit Hebel und eine Ablassschraube und schon lassen sich je nach Ausführung mehrere Tonnen mühelos in die Höhe heben und wieder absenken. Der größte Nachteil für den Offroad-Einsatz ist die geringe Bauhöhe. Zwar sind auch extralange Modelle dieses Wagenhebertyps erhältlich, an einen Hi-Lift oder ARB Jack kommen sie mit ihrer Hubhöhe in der Regel jedoch nicht heran. Der massive Büffel-Heber von Weber hebt zwar rund 10 Tonnen und schafft eine akzeptable Höhe von über 80 Zentimetern, wiegt aber auch stolze 37 Kilo. Zu viel also, um ihn im Geländefahrzeug mitzuschleppen, wenn man nicht gerade einen Lkw besitzt oder mit der Feuerwehr oder dem THW unterwegs ist, wo er überwiegend eingesetzt wird.
Kleinere Modelle bringen da deutlich weniger auf die Waage. Allerdings bieten sie auch weniger Höhe. Einige Modelle verfügen jedoch über einen zweiten Hubzylinder oder eine zusätzliche Stange mit Spindelgewinde im Inneren des Hubkolbens, mit der sich die Höhe des Wagenhebers nahezu verdoppeln lässt. Bei der Spindelgewindeversion kann der Wagenheber so zunächst auf die passende Höhe eingestellt werden und der komplette Hub steht zum Anheben des Fahrzeugs zur Verfügung. Eine andere Möglichkeit ist, den Wagenheber auf einen stabilen Klotz, wie etwa einen Holzblock, zu stellen, um ein Plus an Höhe zu gewinnen. Hier ist jedoch Vorsicht geboten. Je unebener der Untergrund oder der Unterleg-Klotz, umso wackliger die Angelegenheit, umso größer die Gefahr von

Der klassische Stempelwagenheber ist millionenfach bewährt und bereits für wenig Geld zu bekommen. Je nach Modell und Ausführung kann er bis zu 20 Tonnen heben.

Hinsichtlich der Höhe kommt der Stempelheber nicht mit Hi-Lift & Co. mit. Manche Modelle besitzen jedoch einen zweiten Hubzylinder oder eine Stange mit Spindelgewinde, die nach oben gedreht werden kann.

Verletzungen oder Schäden am Fahrzeug. Eine gute Möglichkeit für eine stabile Unterlage, die sich in vier Höhen anpassen lässt, ist die → Uniko6in1.

Im Gegensatz zum Hi-Lift oder dem ARB Jack wird der Hydraulikstempelheber unter dem Fahrzeug angesetzt. Dabei ist darauf zu achten, dass der Ansatzpunkt auch stabil genug ist. Hier spielt auch Rost eine große Rolle. Schon so mancher Wagenheber stand plötzlich im Auto, weil die Wagenheber-Aufnahme ringsum komplett weggebrochen ist. Für den Stempelwagenheber sprechen in jedem Fall das kleine Packmaß, der niedrige Preis und je nach Größe das geringe Gewicht.

Hydraulik Stempelwagenheber
+ niedriger Preis
+ wenig Gewicht
+ sehr gut zu verstauen
- geringe Hubhöhe
- nur unter dem Fahrzeug ansetzbar

Der Stempelwagenheber wird unter dem Fahrzeug an einem stabilen Aufnahmepunkt angesetzt. Ein zusätzlicher Klotz unter dem Wagenheber kann für zusätzliche Höhe sorgen.

Greifzug

Ein Greif- oder korrekt Mehrzweckzug ist eine gute Alternative zur fest montierten Seilwinde. Er ist nicht nur universell einsetzbar, er ist auch wesentlich günstiger als eine Winch. Das von einem Franzosen erfundene Gerät wurde ab 1948 in Luxemburg unter dem Namen »Tirfor«, eine Ableitung aus den französischen Worten »tirer« (ziehen) und »fort« (stark), produziert. Bald darauf wurde in Deutschland die Deutsche Greifzug GmbH als Tochterunternehmen gegründet. Und der erging es ähnlich wie dem Selterswasser oder dem Jeep. Der Begriff Greifzug wurde zum Oberbegriff für alle Produkte dieser Art. Das in den USA gegründete Tochterunternehmen trägt übrigens den Namen Griphoist. Doch mittlerweile produzieren auch andere Firmen die praktischen Helfer.

Greif- oder Mehrzweckzüge sind in mehreren Größen erhältlich. Vom kleinen 300-Kilo-Zug bis zum Schwergewicht für 4 Tonnen. Der größte Nachteil der Mehrzweckzüge ist ihr Gewicht. Denn nicht nur das Gerät selbst bringt einiges auf die Waage, auch das zwingend dazu erforderliche Stahlseil trägt seinen beachtlichen Teil dazu bei. Denn ohne Stahlseil funktioniert das Prinzip nicht. Im Gegensatz zur Seilwinde, bei der man auch ein Kunststoffseil auf die Trommel wickeln kann, lässt sich der Greifzug nur mit Stahlseil verwenden. Üblich sind 20 Meter Seil. Selbst bei den kleineren Modellen ist das eine Menge an Gewicht. Bei Feuerwehren und technischen Hilfsorganisationen gehört der Mehrzweckzug dennoch zur Standardausrüstung, denn er lässt sich vielseitig einsetzen.

Greifzüge sind in unterschiedlichen Größen zu bekommen. Schwer sind sie alle.

Das durch den Greifzug geführte Stahlseil wird beim Hebeln abwechselnd auf der einen Seite festgeklemmt und auf der anderen weitertransportiert.

Um den Greifzug zu nutzen, muss das komplette Stahlseil abgerollt und anschließend so weit durch den Zug geschoben werden, bis es leicht gespannt ist.

Was den Rettungsdiensten recht ist, kann dem Fahrer von geländegängigen Fahrzeugen nur billig sein. Was sich im harten Einsatz bewährt, funktioniert, genau wie Militärtechnik, in der Regel auch beim Fahren im Gelände. Allerdings sollte man sich mit der Handhabung vertraut machen, bevor man auf große Tour geht.

Hooist

Der Hooist kombiniert das Flaschenzugprinzip mit der Funktionsweise von Spillwinden.

Das Seil wird dabei über mehrere Rollen geführt, wodurch der Zug ermöglicht wird.

Der Handseilzug »Hooist« von Relleumdesign wurde im Juni 2022 auf der Abenteuer & Allrad-Messe in Bad Kissingen offiziell vorgestellt. Er lässt sich ähnlich verwenden wie der Greifzug, funktioniert aber nach einem anderen Prinzip. Vor allem ist er aber samt Seil wesentlich leichter, denn hier findet ein Kunststoffseil Verwendung. Das Gerät kombiniert Doppelspill-Rillenwalzen und sogenannte Flaschenrollen. Er wurde für den professionellen Bereich, also für Industrie und Rettungswesen, aber auch zur Fahrzeugbergung entwickelt. 100 Prozent Zuverlässigkeit war bei der Entwicklung also unerlässlich. Durch die Rillenwalzen und die Flaschenrollen sollen die Bedienkräfte in Summe äußerst gering sein. Der Hersteller gibt an, dass man die Kurbel selbst im Lastbereich deutlich über 1 Tonne noch mit zwei Fingern betätigen kann.

Auch das fein dosierbare Ablassen der Last sei kein Problem, da die beiden Rillenwalzen eine hohe Reibungsenergie aufweisen, die auch hält, wenn man das System entspannt. Ein Seilführungsauge sorgt außerdem dafür, dass das Seil bei plötzlicher Entspannung nicht unkontrolliert herausspringen kann und im Betrieb immer sauber auf die erste Rille trifft.

Der Hooist ist für eine Zugkraft von drei Tonnen ausgelegt und damit eine spannende Alternative zum Greifzug und mit knapp 800 Euro immer noch günstiger als eine Seilwinde samt Einbau. Außerdem lässt er ebenfalls hinten oder seitlich am Fahrzeug oder separat zum Wegziehen von Hindernissen verwenden. Zudem ist der Einsatz nicht auf ein Fahrzeug festgelegt, da das Gerät mobil ist.

Der Antrieb erfolgt über eine Kurbel, man könnte aber auch einen Akkuschrauber ansetzen.

Durch die mehrfache Umlenkung können bis zu drei Tonnen gezogen werden.

Schaufel

Zugegeben: Das Wort »Schaufel« an sich ist kein Begriff aus der 4x4-Welt. Dennoch gehört er in dieses Buch. Denn eine Schaufel gehört zu den Dingen, die unbedingt in den Offroader gehören, wenn man im Gelände unterwegs ist. Sie ist unterwegs vor allem bei der Fahrzeugbergung unverzichtbar. Denn ein paar Minuten körperliche Arbeit können oft schon helfen das Fahrzeug, und damit sich selbst, aus einer misslichen Lage zu befreien. Steckt der Offroader fest, hat man meist auch einen Haufen Sand, Matsch, Erde, Geröll, Steine oder gar Felsbrocken unter dem Bauch oder vor den Rädern und sonstigen tiefsitzenden Fahrzeugteilen. Würde man nun mit viel Kraft mithilfe eines Gurts oder eines Seils am Wagen zerren, müsste man diese Hindernisse überwinden. Räumt man sie vorab mit einer Schaufel oder einem Spatens beiseite, macht man sich die Bergung nicht nur leichter, sondern minimiert auch das Schadensrisiko. Und oft genug wird sogar der Einsatz von Gurt oder Seilwinde überflüssig.

Aber auch schwierige Passagen lassen sich mit einer Schaufel entschärfen. So lässt sich zum Beispiel eine steile Kuppe abtragen, ein Graben auffüllen oder eine steile Böschung abflachen. Ein paar Minuten bei ehrlicher Arbeit geschwitzt und das Extra-Feierabend-Bier ist wohlverdient. Ist der zu bewältigende Erdhaufen größer, kann man sich gern auch beim Schippen abwechseln. Aber auch Schnee ist eine Sache für die Schaufel. Irgendwann kommt unweigerlich die Schneewehe, die zu hoch zum Durchfahren ist, oder der Schnee hat sich vor dem Auto aufgeschoben und es geht nicht weiter. Jetzt immer wieder mit Anlauf hineinzufahren, bis es endlich geht, wäre zwar eine Möglichkeit, aber man tut seinem Auto damit keinen wirklichen Gefallen.

Und last, but not least ist da ja auch noch der berühmte Spatengang. Hat man keine Toilette im Fahrzeug, schnappt man sich eben kurzerhand die Schaufel und sucht sich ein gemütliches Plätzchen im Gebüsch. Die Hinterlassenschaft dann nach erfolgreicher Sitzung zu vergraben oder mit Erde zu bedecken, dürfte selbstverständlich sein – auch wenn Fliegen das mit Sicherheit ganz anders sehen dürften.

Doch welche Schaufel nimmt man mit? Soll sie eher klein und handlich sein oder doch lieber ein oder zwei Nummern größer? Ist ein Klappspaten besser oder packt man doch eine größere Schaufel ins Reisefahrzeug? Für was man sich entscheidet, hängt von verschiedenen Faktoren ab. Wieviel Platz hat man? Wohin geht die Reise? Diese Fragen spielen dabei genauso eine Rolle wie die Frage, welche Untergründe auf der Tour zu erwarten sind. Man kann allerdings getrost folgenden Grundsatz formulieren: Eine kleine Schaufel ist besser als keine, eine große Schaufel besser als eine kleine.

Welche Schaufel man im Geländewagen dabeihat, spielt letztlich eine untergeordnete Rolle. Hauptsache man hat eine dabei.

NACHWORT

Puh, liebe Leser,

was für eine Arbeit. Dass das Schreiben dieses Buchs nicht ganz so leicht und einfach würde, wie bei meinen vorherigen Werken, war mir von vornherein klar. Rückblickend betrachtet war es aber doch mehr Arbeit als gedacht. Bei manchen Themen galt es zu recherchieren und bei manchen Informationen von Experten einzuholen, damit ich am Ende keinen Blödsinn schreibe. Denn ich bin kein gelernter Automechaniker oder gar studierter Ingenieur, sondern lediglich neugieriger und – ich denke ich darf es sagen – durchaus begabter Schrauber. Aber etwas mit dem Schraubenschlüssel in der Hand und unter dem Auto liegend zu verstehen oder es in einem Werk wie diesem zu erklären, und das auch noch richtig, das sind dann doch zwei Paar Schuhe. Daher hoffe ich, dass mir das gelungen ist.
Auf der anderen Seite ist Das große 1x1 des 4x4 kein Werkstatthandbuch und keine Anleitung zum Selberschrauben. Es soll vielmehr die Begriffe rund um die Welt der Geländefahrzeuge erklären. Damit soll es vor allem den Neulingen in der Szene eine Hilfe sein. Und da auch die altgedienten Hasen nicht immer alles wissen, auch wenn sie das natürlich nur hinter vorgehaltener Hand zugeben, ist sicher auch die eine oder andere Erklärung für sie dabei.

Warum habe ich dieses Buch geschrieben? Der erste Teil der Erklärung findet sich ja schon im Vorwort. Der zweite ist ganz einfach: Weil es so ein Buch in dieser Form bislang nicht gab. Und wer mein erstes Buch »Off the Road« kennt, weiß, dass ich da gerne Vorreiter bin. Daher nehme ich es auch mit einem Schmunzeln, wenn Zeitschriftenverlage nach Erscheinen eines meiner Bücher Sonderhefte herausbringen, die mit ganz ähnlichen Inhalten gefüllt sind. Zeigt es mir doch, dass ich richtig lag und das Thema nicht falsch war.
Für euch, liebe Leser, wünsche ich mir, dass das Lesen und Stöbern im großen 1x1 des 4x4 ein wenig Licht ins Dunkel der 4x4-Begriffe bringt. Solltet ihr auf etwas stoßen, was ich falsch oder unzureichend erklärt habe, dann schreibt mir gerne. Der Verlag und ich werden das beim Nachdruck berücksichtigen.

Ich wünsche euch viel Spaß beim Lesen und vor allem bei euren Geländeausflügen. Behaltet immer die berühmte Handbreit Luft unter eurem Diff (→ Seite 34)!

Euer
Michael Scheler

REGISTER

Symbole
2H 27, 30
4H 27, 30
4L 27
4Motion **33**
4P 30
7-Zoll-Scheinwerfer 149

A
Abblendlicht 152, 155
ABS **143** (→ Antiblockiersystem)
Abschlepphaken 99, **179**, 172
Abschleppseil **174**
Abschleppvorrichtung 102, 178
Achsdifferentiale 12, 25, 26, **36**, 43, 45
Achsen **34**
Starr- **39**
Portal- **41**
Einzelradaufhängung **43**
Multilink- , Mehrlenker- 44
Achsentlüftung 17, **121**
Achsführung 39, **66**
Achsgehäuse 36
Achskörper 39, 40, 43
Achssperre 14,16, **45**, 125, 138, 140
Achsübersetzung 41, 49
Achswelle 36–45, 50, 53
Ackerschlepper-Profil 76, 80
AGM-Batterie 130
Airfield Mat 199 (→ Sandblech-Historie 199)
Airjack 212–213
Allradantrieb **22**, **25**
Permanent- **28**
Permanent- mit abschaltbarer Vorderachse **30**
Zuschalt- **27**
4Motion, Visco-Kupplung, Syncro-Antrieb **33**
Allrad-Symbol 27
Allradsystem 25
Allwetterreifen 78
Anfahrhilfe 195
Alufelgen **84**
Anhängerkupplung 13, 179
Ankerpunkt 114/115, 158, 177/178, 181/182, 184, **187**, 188/189, 192
Ansaugtrakt 17, 27, 118
Antiblockiersystem **143** (→ ABS)
Antriebsstrang 28, 45, 50
Antriebswelle 48, 52
Arbeitslast 174, 185
maximale (→ WLL→ Working Load Limit) 173–177, 185/186
ARB Jack 206, **210**
Arbeitsscheinwerfer **157**
ATB-Sperren 47
Aufbaubatterie 130, 132/133
Aufstandsfläche 77, 86, 122
Ausgleichsgetriebe 36, 39
Außenkamera **141**
automatic torque bias 47
automatische Fahrprogramme **140**
automatischer Bremseingriff **138**

B
Batterien **128**
Batterietypen **130**
AGM-Batterie 130
Aufbau- 130, 132/133
Blei-Säure-Batterie 130
GEL-Batterie 130
LiFePO4-Batterie 130
Starter- 130, **131**, 132
Verbraucher- 130
Batteriemanagement-System 132
Batterien parallelschalten **134**
Baumgurt 173, 183, 187
Beadlock-Felgen **86**, 123
Beam 159 (→ Floodlight)
Bergabfahrhilfe **138** (→ Hill Descent Control)
Berganfahrassistent 138 (→ Berganfahrhilfe)
Berganfahrhilfe **138** (→ Berganfahrassistent)
Berge-Board 169, **193**
Bergegurt 158, 172–178, 185
Bergemittel 185–187
Bergeöse 95, 102/103, 179
Bergeschäkel 173, **177**, 178 (→ Klemmschäkel)
Gurt verkürzen mit dem ... **177**
Bergen mit dem ... **178**
Bergeseile 172
Bier 44, 51, 220
Blei-Säure-Batterie 130
Blattfedern **58**
Bodenfreiheit **12**, 15, 31, 44, 56, 65
Bodylift 18, 20, **72**
Bolt-on-Portale 12, 42
Böschungswinkel **13**
Breaking Strength 185, 186 (→ Bruchlast)
Bremsleitung 56
Bruchlast 174, 176, 177, 181, **185**, 186 (→ Breaking Strength)
Bullenfänger 96/97

C
Candela 148
Coil-Over-Federn **62**

D
Dachlast 162–171
Dachplattform 161/161, 166–171
Dachträger 159, **160**
Dachträgersystem **165**
Dämpfer 12, 16, 43/44, 61/62, 64–67
Death Wobble **20**, 72 (→ Lenkerflattern)
Differential 14, 25/26, 28, 33, **34**, 52, 77, 58, 91, 138
Differentialgetriebe 36–39, 50
Differentialkorb 36
Differentialsperren 14, 49
Doppelbatteriesystem **132**
Doppelquerlenker 43, 62
Doppelquerlenkerachse 43
Drehmoment 17, 33, 47/48, 118
Drehstabfedern **63**
Dreieckslenker 43/44, 69
Druckluft 45–49, 118, 212

Druckluftsperre 45, 125
dynamische Last 162/163

E
ECE-Prüfzeichen 156
ECE-Zulassung 151
Einpresstiefe 87
Einrohr-Stoßdämpfer 64
Einzelradaufhängung 15/16, 26, 42, **43**, 59, 62, 69
Elektrik 17 (→ Fahrzeugelektrik)
elektronische Eingriffe **138** (→ Fahrprogramme **138**)
elektronisches Fahrprogramm, 138
Elektronisches Stabilitätsprogramm (ESP) **142**
elektronische Systeme 31
elektrische Winde 109
Entlüftung 17
E-Prüfzeichen 82, 151
Erdanker 189–192
erhöhte Luftansaugung 119/120 (→ Schnorchel)
Ersatzradhalterung 104/105
Ersatzradträger 103, **104**

F
Fahrprogramme **136**
Fahrwerk 12, 18, 20, **54**, **56**, 72
Fahrzeugelektrik 17
Fahrzeugrahmen **18**, 58, 64, 70–72, 95, 102, 110
Federbein 42, 62
Federbeinachse 43
Federbriden 58
Feder-Distanzring 73
Federn 12, 16, 44, 56, 58, 60, 62/63, 66
  Blatt- **58**
  Coil-Over- **62**
  Drehstab- **63**
  Querblatt- **59**
  Schrauben- **60**
  Torsions- 63
Federschäkel 58, **73**
Federteller 60, 62, 73
Federweg 16, 39, 73
Felgen **76**
  Alu- **84**
  Beadlock- **86**, 123
  Stahl- **85**
Felgenbett 123
Felgenbreite 87
Felgendurchmesser 87
Felgenform **87**
Felgenhorn 123
Felgenmaße **87**
Fernscheinwerfer 152
Flood(light) 159
Fluter **159** (→ Flutlicht)
Flutlicht 159 (→ Flutlicht)
Forest Tractive Force (FTF) 111, 173, 181, **185**, 186
Freilaufnabe 52
Frontstoßstange **95**, 98, 103, 169
FTF 174/175,181, 186
FTF-Klassen 186
Fünflenkerachse 44

G
Gasdruckdämpfer 64
Geländereifen 77–80
GEL-Batterie 130
Getriebe 17/18, 20
  Ausgleichs- 36, 39
  Differential- 36–39, 50
  -entlüftung 17, **121**
  Verteiler- 25, **26**, 30, 32/33, 39, 90/91
Gleichlaufgelenk 53
Greifzug 181, 187, 189, **216**
Gurt **172**, 220
  kinetischer **173**
  ... verkürzen 177
  starrer **172**
Gutachten 20, 73, 95/96, 119

H
Haldex-Kupplung 33
Handbuch 17, 27
Handseilzug 219
Hauptscheinwerfer **149**
Hebegurt 173, 176, 185
Heckstoßstange **103**, 104
Hilfsrahmen 20
Hi-Lift 91, 164, 167, 170, 173, 178/179, 190, 192, **206/207**
Hill Descent Control **138** (→ Bergabfahrhilfe **138**)
Homokinet **52** (→ Homokinetische Gelenke)
Homokinetische Gelenke 53 (→ Homokinet)
Hooist 187, 189, **218**
Hydraulik 108, 110, 210, 212
Hydraulik-Stempelwagenheber **214**
hydraulische Winde **110**

I
IP-Schutzklassen 147

K
Kardanwelle 26, 28, 36/37, 39, 50, 52/53, 56, 58
Karosserie 16, 18, 60, 64, 66, 72, 91, 119, 159, 171
  aufgeschraubte 18 (→ Leiterrahmen **18**)
  selbsttragende **18**
Kegelrad 36–38, 41
Kelvin 147
kinetische Gurte 172/**173**
kinetische Seile 172/**173**
Klappdach 20, 165
Klemmschäkel **177**–179 (→ Bergeschäkel)
Knickwinkel 56, 58
Kompressoren 45, 48, 51, **125**, 212/213
Koppelstange 43, 69/70
Kotflügelverbreiterung 87
Kreuzgelenk 36, **52**
Kronenrad 36
Kuhfänger 96
Kunststoff-Board 197
Kunststoffseil 111–113, 182, 216, 219

L
Lagerfeuer 44, 50/51, 158
Lamellenkupplung 26, 33
Landing Mat 199 (→ Sandblech-Historie)
Längslenker 21, 39, 56, 60, **66**, 69
Längslenkerachse 62

LED-Komplettscheinwerfer 149
LED-Leuchtmittel 150
LED-Scheinwerfer 146, 149
Leiterrahmen 16, **18**, 72, 91 (→ Karosserie, aufgeschraubte)
Lenkerflattern **20**, 72 (→ Death Wobble)
Lenkgestänge 43, 71/72, 90
Lenkungsdämpfer 20/21, **71**
Leuchtweitenregulierung 151
Lichtbalken 160
Lichtmaschine 109, 130–132
LiFePO4-Batterie 130 (→ Lithium-Ionen-Akku)
Lightbar **159**
Limited Slip Differential 47/48 (→ LSD-Sperren)
Lithium-Ionen-Akku 130 (→ LiFePO4-Batterie)
Lochkreis 87
Longarm-Fahrwerk 66
LSD-Sperren 47 (→ Limited Slip Differential)
Luftansaugung 17, 119/120
erhöhte 119/120 (→ Schnorchel)
Luftdruck 57, 65, 86, 122–125
Luftdruckdämpfer 15, 65 (→ Luftdruck-Stoßdämpfer)
Luftdruck-Stoßdämpfer 65 (→ Luftdruckdämpfer)
Luftfederfahrwerk 31, 65
Luftfederung 15, 140
Luftfilter 17, 27, 119
Luftfilterkasten 17, **118**, 121
Luftlandeblech 195, 199, 202, 204
Lumen 148
Lux 148, 151, 156

M
MacPherson-Federbein 43, 62
Marston Matting 199 (→ Sandblech-Historie)
Mehrlenkerachse 44 (→ Multilink-Achse)
Mehrzweckzug 216
Mitteldifferentialsperre 138, 140
Mittendifferential 28–30, **39**
Motor 17–20, 33, 72, 91, 108–111, 118/119, 131, 182
Multilink-Achse 44 (→ Mehrlenkerachse)
Multi-Mount-Seilwindenplatte 99

N
Nebelleuchte 155 (→ Nebelscheinwerfer)
Nebelscheinwerfer **155** (→ Nebelleuchte)
NMP-Block **185**

O
Offroad-Wagenheber 179, 208

P
Panhardstab 39, 56, 60, **67**
Parallelanschluss 134
Permanent-Allradantrieb 25, **28**, 39
Permanent-Allradantrieb mit abschaltbarer Vorderachse **30**
Pierced Steel Planking 199 (→ PSP → Sandblech-Historie)
Portalachsen **41**
Pritsche 18, 99, 158
PSP 199 (→ Pierced Steel Planking (→ Sandblech Historie)

Q
Querblattfeder **59**
Querlenker 39, **67**, **69** (→ Panhardstab (→ Stabilisatoren)

R
Radaufhängung 15/16, 26, 44, 56
Räder 12, 72
Radhaus 16, 56, 72/73, 87
Radlager 56
Rahmen 20
Rammbügel **96** (→ Rammschutz)
Rammschutz **96** (→ Rammbügel)
Rampenwinkel **13**
Referenzzahl 154
Reifen 45, **75**, 123
All-Terrain-,(AT-) **78**
Gelände- 77– 80
MT- **79**
reine Gelände- **80**
Straßen- **77**
Reifenbreite 123
Reifendruck **122**, 124
Reifendruckanzeige 143
Reifengröße 123
Reifensymbole **81**
Relocation-Set 67
Rockslider **91**
Rollenseilfenster 113
Rückfahrlicht 157 (→ Rückfahrscheinwerfer)
Rückfahrscheinwerfer **157** (→ Rückfahrlicht)

S
Sandblech 168, 170, 192, **193**
Sand-Board 197–206
Sand Ladder 199 (→ Sandleiter (→ Sandblech Historie)
Sandleiter 199 (→ Sand Ladder (→ Sandblech Historie)
Schäkel 173, **174**, 178, 181
Berge- 173, **177**, 178
Feder- 57, **73**
Klemm-l 177–179
Seil- **176**, 185/186 (→ Soft-)
Soft- 176 (→ Seil-)
Stahl- 111, 174, **175**, 180, 185
Tauwerk- 174, 176
Schaufel 13, 164, 167–170, 182, **220**
Scheinwerfer **146**
7-Zoll- 149
Arbeits- **157**
Fern- 152
Haupt- **149**
LED- 146, 149
LED-Komplett- 149
Nebel- **155**
Rückfahr- **157**
Zusatz- 95, 131, 146
Zusatz-Fern- **152**
Schneeflocken-Symbol 77, 82
Schnorchel 17, **119**, 121 (→ erhöhte Luftansaugung)
Schraubenfedern 39/40, 56, **60**
Schutzbügel 97
Seile **172/173**, 181, 220
Abschlepp- 174

Berge- 173
kinetische 173
Kunststoff- 111, 219
Seilwinden- **111** (→ Winden)
Stahl- 111, 216
starre 172
Winden- **111**, 113 (→ Seilwinden)
Seilfenster 98, **113**
Seilrolle **183**
Seilschäkel **176**, 185/186
Seiltrommel 108
Seilwinden 95, 98, **106**, 131, 133, 179 (→ Winde)
elektrische **108**, 181, 187, 189, 216, 220
hydraulische **110**
Spill- 114
Seilwindenanbausatz 13
Seilwindenaufnahme 96, **98**, 110
(→ Windenaufnahme)
Seilwindenseil **111**, 113 (→ Windenseil)
Seilwindenstoßstange 151, 155
selbsttragende Karosserie **18**
Skid-Plates **90**
Smartbar 94, 96
Snatch-Block 181, 185 (→ Umlenkrolle)
Softschäkel 176/177
Spaten 220
Spatengang 220
Sperren 31, **45**, 47, 49
Achs- **45**
automatische- 47
Differential- 14, 49
LSD- 47
manuelle- 45, 47
Visco- 47
Spillwinde **114**
Splines 39
Spot 159 (→ Spotbeam (→ Spotlicht)
Spotbeam 159 (→ Spot (→ Spotlicht)
Spotlicht 159 (→ Spot (→ Spotbeam)
Spring Over Axle 58
Spurplatten 87
Stabilisatoren 56, **69**
Stabilisatorstange 69
Stablenker 43
Stahlfelgen **85**
Stahlschäkel 111, 174, 175, 180, 185
Stahlseil 111, 216
Stahlstoßstange 103
Starterbatterie 130, **131**, 132
Starrachsen 14
starre Seile 172
Stempelwagenheber 214
Stoßdämpfer 56, **62**, 64, 118
Einrohr-Stoßdämpfer 64
Luftdruck-Stoßdämpfer 65
Zweirohr-Stoßdämpfer 65
Stoßstange 94, 97, 172, 180
Straßenreifen 77
Syncro-Antrieb 33

T
Tagfahrlicht 155
Tauwerkschäkel 174, 176
Tellerrad 36, 41
Terrain Response System 140
Tire-Carrier 104
Tire-Deflator 86,123, 125
Torsen-Differential 33
Torsionsfedern 63
Traktionshilfe 195
Traktionskontrolle 138
Trimpacker 73

U
Umlenkblock 181
Umlenkrolle 109, 181, 183, 185, 187 (→ Snatch-Block)
Unterdruck 27
Unterfahrschutz **90**
Unterfahrschutzplatten 13
Untersetzung 27, 28, 30, 32, 138
Unwucht 20

V
Verbraucherbatterie 130
verdeckter Windeneinbau 98
Verschränkung **14**
Verspannungen 45
Verteilergetriebe 25, **26**, 30, 32/33, 39, 90/91
Verwindung 20
Vierlenkerachse 44
Visco-Kupplung 33
Visco-Sperren 47
Vorderachse 52

W
Wagenheber 206
Watt 148
Wattgestänge 68
Wattiefe 17
Winde 95, 98, 106, **108**, 109, 110, 114, 131, 179, 181, 182
(→ Seilwinde)
elektrische **109**
hydraulische **110**
Spill- **114**
Windenanker 178, **189**
Windenaufnahme 96, **98**, 110
(→ Seilwindenaufnahme)
Windenkraft 181/182
Windenplatte 98
Windenseil **111**, 113 (→ Seilwindenseil)
WLL 181, 185, 186 (→ Arbeitslast, maximale,
(→ Working Load Limit)
Working Load Limit (→ Arbeitslast, maximale
(→ WLL) 181, 185, 186

X
X-Jack **212**

Z
Zentraldifferential 39
Zuggewicht 96, 108, 190
Zusätzliche Beleuchtung **146**
Zusatz-Fernscheinwerfer **152**
Zusatzscheinwerfer 95, 131, 146
Zuschalt-Allrad 25/26, **27**, 30, 52
Zweirohr-Stoßdämpfer 65
Zweitbatterie 132

DEIN OFFROAD-AUSRÜSTER
FÜR FAHRZEUG & REISENDE
Nakatanenga
4x4-Equipment
... bärenstark seit 1995
NA KA 4YOU
www.nakatanenga.de • info@nakatanenga.de

BB OR 35

RUBICON
Jeep

pro mobil
CAMPINGBUSSE
Mit Leidenschaft für Technik, Tests und Reisen.
Wir reden kein Blech. Wir testen es.
Frei, unabhängig, flexibel – reisen mit einem Camper Van ist besonders. Genau wie das Magazin CAMPINGBUSSE. Mit der besten Mischung aus kompetenten Tests neuer Modelle und top Zubehör. Und inspirierenden Reisen. Moderner Journalismus mit Liebe zum Unterwegssein! CAMPINGBUSSE gibt's auch im Abo.
Jetzt 5 Ausgaben pro Jahr
promobil-Bestellservice, Telefon 07 81/6 39 66 59,
E-Mail promobil@burdadirect.de, www.promobil.de/campingbusse,
Einzelausgabe 6,90 € inkl. MwSt. zzgl. 2,00 € Versandkosten
Jetzt am Kiosk.
Oder einfach bestellen!